有效思考

让人生快速精进

[美] 迪安·德尔·塞斯托◎著
金盈秀◎译

贵州出版集团
贵州人民出版社

贵州省版权局版权合同登记 图字第 22-2019-24 号

图书在版编目（CIP）数据

有效思考 /（美）迪安·德尔·塞斯托著；金盈秀译 . — 贵阳：贵州人民出版社，2019.6

ISBN 978-7-221-15286-2

Ⅰ . ①有… Ⅱ . ①迪… ②金… Ⅲ . ①思维方法--通俗读物 Ⅳ . ① B804-49

中国版本图书馆 CIP 数据核字（2019）第 089195 号

有效思考

（美）迪安·德尔·塞斯托　著　金盈秀　译

总 策 划	陈继光
责任编辑	唐　博
装帧设计	末末美书
出版发行	贵州人民出版社（贵阳市观山湖区会展东路 SOHO 办公区 A 座，邮编：550081）
印　　刷	三河市国新印装有限公司（河北省廊坊市三河市燕郊开发区西柳村京哈路北侧车间，邮编：065201）
开　　本	880 毫米 ×1230 毫米 1 / 32
字　　数	181 千字
印　　张	8.75
版　　次	2019 年 6 月第 1 版
印　　次	2019 年 6 月第 1 次印刷
书　　号	ISBN 978-7-221-15286-2
定　　价	42.00 元

前言

对于在生活和工作中认识或遇到的每一个人而言，我们都是一个品牌。这个品牌总是会对我们的成功产生积极或消极的影响。作为一个品牌，我们应该经常扪心自问：我会买我自己吗？或是，我会继续寻找别的东西买呢？

我们都想获得更大的成功，但成功不仅仅取决于我们的生活发生了什么样的变化，还取决于我们对于发生的事情持有什么样的看法，我们与发生的变化有什么关联，以及我们如何控制自己的思想。也就是说，我们的心态会决定我们的专业表现，不好的心态也会影响我们的专业素养，并会成为我们通往成功道路的障碍。因此，如果我们想在个人职业生活中提升自己并取得进步，就要强化我们的价值观、提升我们的品质，以及改善我们的习惯。这些都是构成我们个人品牌的重要因素，提升我们个人品牌最快、最有效、最有益的方法就是用更专注、更精练、更有策略的思维方式，来驱动我们新的态度、新的信念和新的行为。

然而，让人感到奇怪的是，当我问起别人，他们都花了多少时间来完善他们的思想与生活时，他们的回答往往是“嗯，我没怎么想过”“我从没有这个想法”“我得好好想想”。尽管我们很少考虑这些，但不可否认，是我们的思想构建了成功，并且推动了成功，让我们取得进步。我们如何在方方面面的日常生活中掌控自己的思想，决定了我们是不断提升，还是会停滞不前；在面对挫折时，是否更容易获得动力，并且在过程中获得快乐。如果我们每天花一点儿时间来思考，会给我们的思想生活带来很大的提升。

真正的成功是在成为最好的自己的过程中，对所处的位置感到心满意足。

我想告诉大家，想要明确地与成功更紧密地联系在一起，并不需要在思想上做出重大的改变，这对大家来说是个好消息。我们不断地改变我们看待自己的方式、看待工作潜力的方式及看待人际关系的方式，即使这种改变非常微妙，也会使我们变得更加强大，强化他人对我们的看法，并让我们有信心去做一些我们原本认为不可能做到的事情。我们可以选择用一种思维方式来思考我们工作与生活中的方方面面，拥有这种思维方式的人，会将不可能的事情视为可能，将问题视为机遇，将压力视为动力，将成功视为要实现的目标。这样的思维能够让我们在工作中处于主导地位，而不是处于被工作压迫的状态。当（且仅当）我们能够迅速转变我们的思维时，我们才能主导任何关系，掌控任何情况或者实现任何愿景，以此来解决高效率工作与美妙生活中的所有困难。

从你阅读这本书开始，就要在心里告诉自己，让自己明白，这并不是一本入门指南书。指南类书籍会告诉你该做什么，而我虽然会在书中给出一些指导，这些指导对成功也起着至关重要的作用，但那种指南类书籍可能会让你模仿我或者其他人做的事，而我发现，这样做会导致无法预测的后果。直白地说，模仿我是一件危险的事情——当然，这取决于你是否选择最初的我。这本书将为你提供一些视角，帮助你在当下的生活中获得更大的成功，同时增强你的品牌形象，使你在方方面面的工作与生活中更有意义、更有说服力，也更有影响力。

我们都知道，在职业生涯中实现目标能让我们处于更有利的位置，但我们不可能一直停留在那个位置上。因此，我们绝不能将实现目标定义为成功，而只能定义为走向成功的一个里程碑。许多人在生活中实现了非凡的目标，结果却发现自己并没有因此感到满足，甚至会质疑这种生活及其意义。有时候，实现目标会成为取得真正成功的障碍，尤其是当这些目标是房子、船、车、旅行或其他什么物质条件的时候。这些是大部分人对成功的错误看法，他们以为获得这些就能定义成功。

当我问专业人士如何定义成功时，他们总会给出不同的答案，主题却大同小异：“当我在一个特定的处境，获得一些特定的东西，或达到一个特定的位置或地位时，我就会成功。在那之前，我不会认为自己是成功的。”从这个角度看，即使我们成功了，肯定也会一直有不满的情绪。而这种不满的情绪会成为取得进步的障碍，也会成为达到目标的障碍。不仅如此，当我们在别人面前保持一种“尚未到达、还未到达、尚未成功”的状态时，我们的自信心也会大打折扣。这种对成功的错误理解，是今天很多专业人士对工作不满意的原因，也是很多人对生活不满意的原因。

真正的成功不是遥不可及的目标，而是一个信念。

成功的事业或成功的个人生活，永远不会体现在我们实现的目标上，也不会体现在我们获得的物质财富中，因为这些东西都是会消失的。成功只能由我们做事情时的表现来定义，它表现在我们的性格和能力上。用最简单的话来说就是，成功的含义存在于我们取得事业成就的必经之路上对所有事物的看法、对所有事物的投入和做所有事情时表现出来的执行力。换句话说，优秀带给我们的是什么并不重要，重要的是它使我们成为什么样的人，拥有了什么样的品质。它创造了一种持久的、稳定的、不受限制的心态，能让你立即获得成功，并在重要的时刻从内而外散发自信。

成功是由内而外的，而不是由外而内的，这是看待成功最正确的方式。世界上存在的任何东西都无法决定成功，而当我们用一颗才华横溢的心、一种健康的态度和对关系的敏锐感触来生活时，我们的内心会向外界散发出一种信息。这种信息才是决定成功的关键。请不要歪曲我的意思，我想说的是：成功可以通过外在的或物质的东西来增强。但外在的或物质的东西永远不可能定义或保持成功，因为它们只是暂时的，尤其是在当今这个变幻莫测的社会。

在这本书里，你将会学到如何从传统意义上定义成功（即我获得了什么）转为更有意义、更有价值、更有影响力的定义——即成功在于我是谁，我将成为什么样的人，以及在与他人相处的过程中我有什么样的个人品牌。当我们意识到我们的个人品牌对他人产生影响时，成功就会降临，机会就会成倍地增加，之后随之而来的是大量的新资源。

> 如果我们承认我们的个人品牌在工作中可以通过一个简单的决定得到提升，那么我们将会获得稳定的自信心，而不是像以前一样，通过外部环境来获取信心。这种稳定的自信心在任何情况下，不管是什么人，都无法动摇。

当你日复一日、周复一周地阅读《有效思考》这本书并陷入思考时，请记住，你阅读的目的不是为了快速把它读完，完成阅读任务，而是要享受阅读，并在阅读的过程中，根据你的情况将这些观点融入你的生活中，进而为你带来转变。我们的目的是改变态度和行为，从而在你生活的每一个领域产生实质性的突破。这些观点在创作时没有任何相关性，但它们加在一起能够帮助你建立一个了不起的个人品牌。在这本书的每一页中，都记录着意义非凡且合法合规的方法来帮助你更有效地达到目标。这些方法能够让你避免许多在工作和生活中可能会遇到的挫折，并且在这个过程中，你能获得更满意的体验。这本书将向你证实一个观点，即我们只能在我们的生活方式中发现持久的成功，如果我们被生活中获得的或还没有获得的东西所束缚，那么我们永远也不可能成功。

有一个事实鲜少被人谈论，即不知道为什么，那些专注于自己做事方式的人比专注于自己在生意上得到什么的人获得更多……在生活中也是一样，他们总能获得更多收获。

我们开始改变吧。

目录

1.
建立一个经久不衰的个人品牌

无论你是工作在底层还是高管层，你的个人品牌形象都处于不断发展变化的状态，由你的所想、所做的事情和所说的话组成。你对别人的影响永远不会停止，你分分秒秒的表现都会对别人产生影响。对那些想要取得成功，想要拥有一个伟大品牌的人来说，每一次选择、每一个行动，以及在选择和行动时表现出来的态度都很重要。接受并掌握这一原则，人们就会意识到，每一次谈话，每一个项目，每一次销售，每一次互动及每一次行动，都有可能提升或降低品牌的价值。你的承诺，你执行任务的能力，你所扮演的角色，都将决定你的品牌是你生活中的资产还是负债。那么，我们的个人品牌究竟是什么呢？为什么它如此重要呢？

品牌是一个比较模糊的行业术语。我从事的是品牌业务，但是我仍然花了很多年的时间来学习它的全部意义。有人认为它指的是承诺，有人认为它代表着形象，有人视之为体验，也有人将它定位为一种属性。无论用什么样的答案定义品牌，其实都是正确的。品牌对人们的各个方面产生的影响都可以用来定位品牌——即它对每个人分别产生什么不同的影响，包括每一个细节。因此，为你的职业生涯带来成长机会的品牌可以定义为：你的品牌是你在人际关系的各个领域，与你一起工作和与你产生关系的人的“综合体验的总和”。它包括你如何着装打扮，如何与人沟通，如何倾听别人，如何为会面做准备，你的工作是否完成得彻底，你如何处理冲突，你传递给别人的是什么样的价值观，你表现出来的是什么样的态度，等等。

品牌的属性有上百种，这里我只列出了其中几种。举个例子，我们来讨论一下眼神交流。想象你的眼前有三种对话交流的场景：第一种是令人尴尬的，两人长时间没有眼神交流；第二种，两人的眼神交流恰到好处，不多不少；第三种，两人长时间奇怪的、过多的眼神交流，让你感觉自己似乎像猎物一样被人盯着，使你有一种想要这种眼神“从我面前消失”的想法。三种品牌的眼神交流，都会影响你传递的形象。那么底线是什么呢？提升我们的品牌需要从大处着手，关注细节及所有相关的一切。

> 你的个人品牌是每天24小时“在线”，与你的生活息息相关。它响应你的生活，并影响你的生活。

要知道，你周围的人一直在对你进行评估，他们评估你在公司的表现如何，为公司做了什么贡献，你在他们的个人生活中表现如何，做了什么贡献。评价、度量、判断……不管是用哪个词来表示，总而言之，在一定程度上，我们都处在每个人的“密切监视”之下，包括每一个我们认识的人。人类永远不会停止辨识，这是一种生存机制，非常有价值，帮我们决定我们可以信任的人是谁，我们喜欢的人是谁，我们选择谁来完成这项工作，我们应该邀请的人是谁，我们应该介绍的人是谁，我们应该提拔的人是谁，等等。不管你喜不喜欢，那些你熟悉的人，甚至那些偶然认识你的人，他们都会不断地形成自己的观点，建立情感，树立标准，以此来评估你的个人品牌，看清你的个人品牌。没有人能避开。

那么，回到之前的问题：作为一个品牌，你会买自己吗？或是，你会继续寻找别的东西买呢？你不仅应该从你的职业生涯方面思考这个问题，也应该从个人生活方面思考这个问题。我们的品牌不仅是一个专业人士，也是一个母亲、父亲、儿子、女儿、配偶、朋友、伴侣，甚至泛泛之交。我们的品牌总是作为他人的资产负债，我们要么在积累品牌资产，要么在亏损自己的品牌资产。

我必须承认，作为首席执行官和一名专业人士，在我的一生中，我问过自己很多次这个问题。坦率地说，诚实地清点自己的种种表现后，我不会买我自己，不会同意我的观点，也不会相信自己说的话。事实上，就当作为人类做贡献，我只会做一件光荣的事——我会告诉大家继续购物，借以获得更好的选择。值得庆幸的是，我们的品牌在我们生活的各个领域都是可以升级的。

今天，看看你生活中的各个方面，

清点你拥有的品牌。

2.
保持个人品牌完整，不要让它破产

我们的个人品牌是受关系影响的，每一段关系都像是一个银行账户。在其中一些关系里，你的账户很健康，收支平衡，而在另一些关系中，你的账户可能接近破产。你与每个同事、每个供应商、每个合作伙伴、每个员工，甚至朋友或家人，都有一个关系银行账户，里面装满了许多不同数额的价值存款。举个例子，根据你到这一页所了解的情况，你（通过我的文字）认识了我大约只有15分钟。基于我目前通过文字激发出你对这本书的兴趣，由此说明我在你的个人品牌银行账户已经积累了一定的价值。也许这个账户看起来还很健康，而你正期待继续往下阅读；也有可能我快要破产了，你可能准备停止阅读，然后去找收据，准备退货。所以说，你在这15分钟左右的时间里，已经对我形成了一个非常具体的看法，随着你继续阅读以下每一页的文字，你会继续对我产生更多具体的看法。当你第一次看到这本书的封面时，你甚至可能已经对我的部分价值进行了评估。我无法回避这个问题。

几年前，我接到过一个电话，是一个比较大的业务开发客户打来的，向我说明他的担忧，因为他们的一个重要客户正考虑取消价值数百万美元的年度合同，这样的话可能导致他们需要裁撤一些职位。他们不知道这个问题的严重程度，但是他们的关系账户（即客户眼中的品牌）已经从多年的稳健和盈利能力，转变为充其量只能算是疲弱的水平了。我建议我的客户不仅要对他的这个重要客户进行深入且全面的调查，还要对其他客户进行同样深入全面的调查，因为我相信其他地方一定也出现了问题。在调查的过程中，我们可能会发现交付的时间与约定的时间不一致，服务团队没有履行客户代表做出的承诺。正如之前所怀疑的那样，其他客户那里也出现了类似的问题，与此同时，他们的强劲竞争对手向我的客户的重要客户提供了可靠的证据，证明他们会按时交付产品，并提供了与此相关的参考资料。我的客户的竞争对手的品牌账户，甚至在建立正式关系之前就在积累价值，而我的客户的账户正在缩水，甚至几乎快要见底了。根据一些客户的说法，其实导致他们的关系变得如此紧张的并不是什么大问题，相反，都是因为一些小问题。比如经常不遵守承诺，发生小摩擦等，这些小事破坏了公司和员工的品牌，导致人们迅速丧失了对他们的信任，认为他们公司无法完成这项工作。我的客户做出了一系列新的承诺，想要改善这种紧张的关系，但不幸的是，他最终也没有挽回他们最大的客户关系。正如我之前所说，我们的品牌就是这样的，而我们的最终表现取决于结果，有的时候结局很美好，但更多的时候并非如此。

> 你的个人品牌是有价值的。它是一种非常真实的有形货币，可以在需要时用于或者投资于任何数量的关系、计划或者目标。

由于你生活中的每一段关系都有一个当前账户余额，因此，持续不断地将价值存入该账户，在每一段关系中保持公平，这是至关重要的。这样即使随时随地都可能被取出大额的或者小额的存款，你也可以承受得住。几近透支的账户关系就会处于破产的危险边缘，而没有建立的关系通常会发生一些小问题或一个大问题，但都不会导致破产。一定要记住，破坏一段关系的原因通常不是因为一件大事，人们一般会理解偶尔犯的小错误，甚至偶尔犯的大错误。但往往是一系列连续发生的小问题引发各种可能发生的大问题，进而破坏关系的结构。

今天就往你的关系账户里存一些“钱”吧。

3.
你可以拥有更好、更精确的自我评价

我不知道你是怎样的，但作为一名首席执行官和专业人士，我不止一次发现，我对自己的看法比同事对我的看法要么高出一点，要么高出很多。我发现作为人类，我总是本能地、不断地创造我对自己形象的看法，并且保护我对自己形象的看法。更具体地说，就是不让我自己了解我表现的真实情况，这样我才能保持自己内心认为需要保持的成功形象。在我早期的职业生涯中，我几乎没有和周围的人交流过自己的实际表现如何。相反，我自己调整对自己的看法，不是基于我呈现在客户和其他专业人士面前的真实且明显的表现，而是基于我当时对自己的看法，即我认为需要怎样调整自己的行为。

在我开始进行自我评价后不久，我决定要求我公司里的所有人都对我进行一次全面的评价。评价我作为一个商业领袖，表现如何。我希望能得到一些关于如何改进自己的建议，所以我在电子邮件中加入了一条免责声明，说明我想要的是未经修饰的、极其诚实的反馈。这是一种有风险的行为，但我知道除了了解真相之外，任何别的东西都没有用。我还建议大家用相同的字体，相同的字号，通过硬盘打印出来，匿名提交这份评估。

当时，公司大约有75名员工，在仔细阅读反馈之前，我发现只有74人交了评估。最后期限过了几天，我的一位高管走进我的办公室，随手关上门，然后坐在我的办公桌前。他脸上有一种紧张的表情，我有种预感，有很严重的问题要发生，而且是我的问题，不是他的问题。他说："迪安，我没有提交我的评估报告，因为你在这个机构里，真的没有表现出任何责任感。虽然你的人到场，但是你的心不在，你在公司里面的品牌名声很不好，因为你非常擅长目前你所做的事情，所以你在参加会议时总是三心二意。这样大家会认为你没有和他们在同一条战线上，我们需要你全心投入。"

有一些首席执行官可能会对此感到不满，但我谦卑地说："谢谢你的坦诚相告，以及对我的关心，还有什么都告诉我吧。"

对他来说，走进我的办公室并向我说出他和其他员工憋了很久的话，是需要很大勇气的。我本来想让世界上所有的人都对我进行反馈，让他们评价我的表现，但没有什么比面对面的谈话更有力了。在面对面的谈话中，我们说出真相，听到真相，感受到其中全部的力量和影响。虽然这是一个非常突然并且生硬的反馈，对我来说却是一个改变人生的时刻，它促使我做出了改变人生的决定。如果我的同事没有告诉我真相，如果我没有鼓励他告诉我更多的话，那么我就不会做出我之后的选择。我把他当作我最宝贵的朋友和商业伙伴，我认为他的个人品牌是诚实、关怀、勇气和胆魄。

> 一种发展到深层次的透明的关系，永远不会回到原来的浅层次水平。

提升你卓越品牌的第一步，就是搞清楚你现在的品牌是什么。而要了解这一点，最好的方法就是让你周围的人实事求是地告诉你，你在他们的生活中是如何表现的，包括在工作、会面中等。但这么做，对你来说是一个挑战，或者说这更像是一种疾病，妨碍我们，使我们无法获得足以改变生活的建议。有人称之为政治立场正确的官话，而我称之为自我保护的艺术。人们总是小心翼翼地说话，不敢说错任何话，不敢激怒任何人，不敢做任何会导致别人不喜欢他们的事情。所以他们宁愿什么都不说，也不愿说出他们心里的真实想法。这就是为什么过去许多年，却没有人告诉你一些很久以前就应该告诉你的事情。这也是我们一直知道自己有问题，却不知道问题出在哪里的主要原因——这个问题可能是我们生活中发生的任何问题，也可能是让我们无法充分发挥潜能的问题，寻求这种反馈是很有必要的。我们要主动获取反馈，而不能被动等待。因为它不可能自己出现，让你意识到问题所在。

以下是一些获得反馈的简单办法。

- 列出一些你尊敬的并且经常和你一起工作的人的姓名。你能从谁那里获得最好的反馈，从什么地方获得最好的反馈，这些都是没有规律可循的。有时候，最不可能的信息来源可能会提供非常有价值的见解，这些见解可以永远改变你的生活、你的职业轨迹，让你获得你可以获得的最大的成功。

• 主动向每个人寻求反馈。最近我处理这个问题的方法是发电子邮件，或走到某人的办公室，对他们说："嘿，我们什么时候一起喝杯咖啡或者吃个午餐，好吗？我需要有人在一些事情上给我一些建议。我想你也许能帮助我解决我的问题，当然，是我请你。"这样做还有一个额外价值，即当你征求别人的建议时，你给予了他们尊重，因此，几乎很少有人会给你否定的答案。如果真的有人拒绝了你，那么他们可能不是你想找的人，或者不会给你反馈。

• 和大家坐下来，好好聊聊天。当我和大家坐下来之后，我一般会明确表明，我想要得到的是未经加工修饰的真实反馈。我让他们知道，我想知道的不是好的方面，而是坏的方面和丑陋的地方，因为这些对我来说才是盲点。有时候，我会提前告诉他们我想要得到的反馈的性质，这样他们就有时间组织内容，并提供最有意义的反馈。同时，让他们知道，你不会反驳他们，也不会对他们有任何抵触情绪，你们之间的对话会完全保密，这也是明智的做法。通过这样做，你们的关系会提升到一个新的水平，你们之间的信任度会大大增加，而且在未来，你也应该保持这种信任关系。

> 我们是动态的，不是静态的，因为我们一直在成长，一直在变化，所以得到关于我们当前表现的反馈是一件好事。

你可以用下面这些评论和问题打开话题：

- 我一直在寻找改善工作表现的方法，想知道我有没有什么盲点，有没有什么我没发现的问题。也许你能提出一些建议。
- 有没有什么事情是我正在做，而你认为我不应该做的？
- 有没有什么事情是我没有做，而你认为我应该做的？
- 有没有什么事情是我正在做，而你认为我做得很好，应该继续做下去的？你觉得有没有什么办法让我能更有效地为公司服务？
- 我的态度会为别人带来灵感，还是会让别人紧张流汗呢？
- 公司里有没有什么人能给我一些让我受益的反馈呢？

随着谈话的进行，你可以更具体地谈谈你的工作职责，也可以更详细地说说你的工作表现，说一些具体的细节。如果在这个过程中，和你谈话的人向你敞开心扉，并且要求你给出诚实的反馈，你不用感到惊讶，随时准备好这种可能性的发生就好。当然，一定要感谢他们的诚实，并且让他们知道你会照他们说的做，在你照做之后再将你获得的改变反馈给他们。人们很乐意知道他们的反馈对别人有什么样的影响。

如果你渴望进步，愿意接受别人的评价，你的行为会让别人看到你性格中非常积极的一面。一旦你周围的人给了你反馈，他们就可能再次给你反馈，而且通常会更加坦率，给出的反馈也会更有价值，因为你们之间已经建立起了信任关系。

想想谁能给你中肯、明确的反馈，

今天就找他们喝喝咖啡，聊聊天吧。

4.
如何解决并克服事业中的困境

事实上，你的大脑对一件事情或者一个结果的“想法”，可能会与实际的事情或结果相同，也可能会与实际的情况和结果大相径庭。我们会对此感到很好奇，为什么会这样。这个决定你成败的工具——你的大脑，到底是为你的工作服务的，还是让你在工作中失去勇气，变得更焦躁的？在参加会议时，它到底是让你变得更加自信，还是让你感到不确定甚至害怕？它是让你带着乐观和自信看待未来的个人成长，还是让你紧张地处理现在的事情，而没有精力、没有决心去畅想未来，让你的未来变得更加模糊呢？你的大脑将你的工作变成了一件苦差事，而没有帮助你茁壮成长。那么它到底是支持和鼓励了你的价值，还是磨掉了你的自信和价值呢？所有上面的问题，我以前经常思考，现在仍然会想。

我们生活中的大部分时间都在处理我们大脑中想象的将要发生的事情，或者分析事情发展的方向。那么问题就变成了：驱使你做每一件事、让你相信每一件事、让你感受每一件事，以及让你经历每一件事的——你的大脑，到底是如何创新、如何策划、如何让你专注于一件事的。正如前面提到的，这个问题的答案通常是“嗯，我还没有想这么多”。

事实上，我们总是沉溺于思考，结果导致你不能不思考。但是思考和构建思想之间是有区别的。思考是一个自动化的生理过程；而构建思想是我们的选择，我们联系上下关系，然后进行编排。构建我们的思想就是要花足够多的时间用来想象，然后以我们想要的方式塑造它们。但问题在于，我们的生活节奏是如此之快，以至于我们几乎没有时间放慢脚步，去反思和重新构建任何东西。

> 在当今这个疯狂的世界里，慢是对快的新定义，平静是新的力量，看待事物的视角是新的盈利能力。

你理想的生活轨迹是什么样的？你如何构建你的思想？你控制你思想的意识有多强烈？想要生活和工作成功，这些都是需要回答的问题。如果你对你的思想放任不管，你的思想就会控制你，而你却不再控制你的思想，即你被你的思想掌控了，它控制你的想法，由它决定你的生活。如果每时每刻做出的决定能战胜你的想法，与你的想法相融，塑造你的想法，甚至在必要的时候，压制你的想法，不让它们成形并支配你的思想，那么你就拥有了健康、成熟的思想生活。我们都想拥有健康、成熟的思想生活。如果我们不能做到这样，我们的思想就会失控。我们都知道失控之后会发生什么事，我们会有什么感觉——非常不妙，十分不妙……

就在我签约写这本书之前，我和我的妻子决定放下工作，休息一段时间。我刚经历了我父亲突然去世的事实，所以我们在共同经历那些之后，决定换个环境，而我也想花些时间来写这本书。我们离开加利福尼亚州的卡梅尔小镇，准备到一个没去过的葡萄酒之乡待一段时间。我们从来没有一起经历过这么糟糕的日子，因此我们都很期待这段旅行。

在我们旅途的最后一段路上，导航系统像往常一样脱口而出："您即将到达目的地，目的地在您的左边。"我们当时在一个非常破旧的地方，我想："天哪，她一定弄错了，请告诉我，她弄错了。"但是她脱口而出的下一句话是："您已经到达目的地。""啊啊啊！把它收起来。"我对妻子抱怨道。这不是我太悲观，当我们开车到达那座房子时，我发现所有的房间，或者说所有的单间下面都有轮子，两个轮子之间的距离简直和泡菜罐子里的泡菜一样紧密，而那些单间……也只比一罐泡菜稍微大那么一点儿。我愤怒极了（当然，是在心里），因为这与我们的预期相差甚远，也与照片上的样子截然不同。

> 你生活中的情绪由你自己驾驭，没有任何人、任何事物有权利驾驭你的情绪。

办理入住手续时，我问能否在入住前先看看我们的"泡菜罐”，于是我们参观了43号单间（理查德·佩蒂[1]的号码，我想，这或许是一个好兆头）。我们走进去，一股空气清新剂的气味扑鼻而来，就像你从后视镜上看到的那些挂在圣诞树上的空气清新剂一样——几千种气味同时扑面而来。这种气味如此浓烈，以至于我们感到反胃想要呕吐。于是我们回到了登记的地方，我们另外选的第二个房间，说是禁止吸烟的房间，但是闻起来就像一家子都在里面刚刚抽过烟，而且是在我们到达之前5分钟才结账离开一样。当然，还有一股空气清新剂的气味，用来掩盖烟味。

我们选择的第三个房间闻起来有点像消毒剂的气味，所以我们想：好吧，试试看吧。我可以非常详细地描述这个单间的所有问题，但知道我的妻子（又名“旅行女郎”）对这个选择已经感到非常难过了，所以我们开始审视这个单间的优点。“嗯，有一个浴室。”我说。“我们可以花更多的时间慢慢探索，”她说，“这会让我们住的下一个地方看起来像宫殿。”我们来回审视查看，简直哭笑不得，反复经历以上这些之后，我们经过重新思考，决定接下来这一周就在这个幽闭恐怖、装饰简陋（轻描淡写）、怪味弥漫的拖车改造成的房间里度过，并把它当成我们的城堡。那可能是我们度过的最好的假期之一。至于那个小单间，它仍然是一个美好的回忆，而我永远也不会再去了。

---

① 理查德·佩蒂，出生于1937年7月2日，美国NASCAR著名车手。他曾驾驶着著名的43号赛车，获得7次NASCAR总冠军。

没有新的思维方式，就无法继续进步。思想没有新的训练，就不会有转变。

反复思考“它是什么”和“你想让它成为什么”，这个过程就是一种训练，值得我们试验和改进，直到它成为最佳实践，并且可以重复实施。这是一种习惯，随着每次思想的转变，它会变得越来越容易。因为职业生活中会有各种困难，成长中会有各种竞争，所以放慢脚步、投入时间重新思考各种状况的过程对我们的成功之旅来说是无价的。

在这个过程中加入一些修饰词，或者过滤一下。一般来说，在这个过程当中，我们会有足够的时间来构建正确的视角。

- 这种情况是否是一种可以帮助我成长的条件？那么它适合帮助我成长为什么样的人，或者避免我成长为什么样的人？
- 在这种情况下，为了不随它放任自流，我需要做些什么才能战胜它？我需要找谁帮我战胜它？
- 我可以找谁帮助我发现什么是可能的，而不是找出什么是错的呢？
- 一旦我经历过了这些之后，我怎么能保证自己不再经历一次呢？

在你的职业生涯中，思考这些问题是一种强有力的思维练习。学习它们就像学习游泳一样，一旦你跳入池中，不管怎样，你都会到达另一边，而且你每次练习，都会一次比一次做得更好、更快、更容易。至少我是这么认为的。

试着重新思考10件注定要失败的事，

然后把它塑造成今天的胜利。

5.
使命、愿景和价值观使你成为真实的自己

几乎地球上的每一个组织都是以使命、愿景和核心价值观（MVV，即Mission、Vision、Values）开始成立的。它们代表一个公司的基础，是公司前进的方向，是公司做事的方式。然而，这些关于使命、愿景和核心价值观的文档常常在混乱中丢失，要么就是写得很糟糕，而且从来没有付诸行动，也没有获得过任何可衡量的结果。这是一项应该有所改变的挑战，我把这个称为MVVDOA（使命、愿景和核心价值的见光死）。对于每一个人来说，无论其是不是身在职场，都应该将使命、愿景和核心价值观作为自己品牌的基石。它们不是由什么委员会创建的，而是完全可以由自己创建的。如果创建的方式恰当的话，人们可以拥有这些原则，激活这些原则，从而立即改变生活。

我与全国各地的商业专业人士和首席执行官团队都有着紧密的合作，因此常常被委以重任，帮助他们起草清晰、简明、切中要点的“个人使命、愿景和核心价值观声明”。而我工作的伙伴中，只有5%的人有这样的文件，里面包含他们的个人主张、他们

的目标、他们承诺要扮演的角色，以及他们在工作中想要表现自己的方式等内容。他们大多数人都知道自己内心渴望得到什么，但根据我得到的反馈，当他们清楚地说出自己的使命、愿景和他们做生意的方式时，他们通常会认为这是他们做过的最有价值的一次练习。

那么应该从哪里开始着手呢？关于他们的使命和愿景，以及他们如何围绕核心价值观开展工作。他们常常有很多疑惑、困扰，所以现在我们来看看它们的真实构成，这样可以把这个问题变得简单一些。

> 使命、愿景和核心价值观不仅仅是一份关于“你自己”的路线图，它还是帮助你充分获得自信，从而脱颖而出的驱动力。

首先我们要清楚，你的使命肯定会与你的立场相关。简单地说，如果你有谋生之道的话，那么它涉及你的谋生之道。除此之外，你渴望在生活、商场及人际关系中实现的哲学立场，也是它的主要内容。更准确地说，它指的是你在哪些方面能持续地改变与你的个人品牌相关的人的生活。一般来说，它的感性成分多于理性成分，它更像是生命线而不仅仅是底线。然而，如果让它的潜力得到发挥，那么它对每个人的底线都将产生深远的影响。

如果你在商场上很出色地完成了你的使命，那么你会获得非常可观的经济回报。然而，它一般是你非常喜欢做的事情，即使是免费去做，你也会很乐意。

愿景主要是关于你将要完成什么，如果需要考虑时间因素的话，还有在什么时间内完成。它的目的是对具体的进展建立短期和长期的问责制。大多数使命和核心价值观的叙述是保持不变的，而愿景则有所不同。它的陈述是随着时间的推移而变化的，正如不断变化的市场条件、经济因素、工作变动、新的生活计划，以及其他许多由于个人激情冲动而改变的想法一样。实现了当前的愿景，就需要设立一个新的愿景。

核心价值观是你在完成任务和愿景的过程中表现出来的性格特征。它们正是你和你的品牌的“生存方式”。它们表现在你现在做的事情和你的谈吐上，也表现在你永远也不会做的事情和永远也不会说的话上。一个人的价值观是极其私人的，很少会发生改变，除非你觉得有必要为了企业和个人的进步，而将其转变为更强大的价值观。

想要形成能够让你感动又能引起其他人共鸣的使命、愿景和核心价值观，需要花些时间“在树下坐坐”[①]。把你的使命、愿景和核心价值观写在纸上，不论是什么内容，都必须融入你的思

① 牛顿坐在树下想出了万有引力，因此这里说的是坐在树下可能产生特别的想法。

维，获得你内心的认同，必须足以鼓动人心，并且能够在每天的行动中实现。

在这个过程中，我所看到的最多的情况是，大量的思想书写进了使命、愿景和核心价值观中。但是，接着就发生了一件极其常见的事情：这些思想被精雕细琢成人类历史上可以想象得到的最长的句子。似乎在一种奇怪的压力推动下，人们想要将现有的所有原则都囊括进使命、愿景和核心价值观，并塞入某个位置。接着，人们就会产生一种恐惧心理，似乎如果你马虎漏掉了一些东西，它就会不起作用。其结果就是，使命、愿景和核心价值观被过度同质化了，这会让我们失去灵感，无法记住它的内容，然后再来颗阿司匹林[①]——因为已经被相同的内容弄得头痛了，这不是一个好的开始。如果你不能记住你的使命、愿景和核心价值观的内容，那么这些使命、愿景和核心价值观就都是一纸空谈。

> 创建属于自己的能够启发灵感的使命、愿景和价值观，是一种心态形成的过程和一种艺术形式。

首先，自由地写下你的使命、愿景和核心价值观，一旦你把所有想法都集中到一个思想平台上，你就会开始精练，思考得更简洁。但你还需要做出一些努力，才能将你所写的内容浓缩成清晰、简洁的语句；其次，以我的使命、愿景和核心价值观作为示

① 阿司匹林，Aspirin，一种解热镇痛药。

例，或许能帮助你把这个过程变得更容易一些。如果你认为我的例子对你有所帮助，或者与你所想的相近，那么你可以随意用自己认为合适的方式使用它，或者你也可以用你认为合适的方式对其做出随意的改动；最后，无论你写的内容是什么，都应该侧重于情感的表达，而不是逻辑的表达，因为情感更容易打动你，而理智不会打动你。

举个例子，我的个人使命宣言是“当人们的个人生活和工作生活行不通时，做一个优雅的介入者”。对我来说，这个宣言很短，容易记住，同时它也是每天早上叫醒我的一个好理由。它提醒我去帮助人们，让他们不再做没有效果的事情，并帮助他们让事情朝着有效果的方向发展，它给了我这么做的理由。在这本书里，你会发现这个宣言出现的次数很多，它贯穿了我的整个职业生涯和咨询工作。虽然生活中仍然有另外的成百上千的事情我做不好，但这件事我做起来就像激光一样——精准有效。从个人和公司的反馈来看，事实证明这是我的一笔宝贵财富。因为介入他人行不通的事情，虽然我会因此得到丰厚的报酬，但也是生活中能给我带来最大乐趣的事情——简直是其乐无穷。所以我甚至愿意免费做这件事（说实话，我确实经常免费做这件事，而且也很享受这个过程）。所以当你想要创建你的使命时，一定要确保它能给予你生命活力，而不是消耗你的生命活力。如果它消耗你的生命力，那么它就不是一种使命，而更像是一项任务或者一份责任。

我的人生愿景是：“不管需要付出什么样的代价，不论需要变成什么样的人，我将充分发挥我的语言能力、视觉能力和商业才能，用各种表达方式为各种对话和各种计划在各种不同的环境下服务。”它让我不计成本，不管多辛苦，只专注于做最好的自己。它也保证了一点，如果我做得好，很大程度上，成功就会近在咫尺。而且我不需要为更明确具体的愿景操心，比如“我多少岁时成为百万富翁”，这样的愿景本身没有错，但不是我的个人品牌。

至于我的核心价值观，我仍然认为应该尽力保证简单：

1. 把人际关系放在日程安排之上。
2. 保持鼓舞人心的态度。
3. 绝不能在人际关系网中沉睡，不作为。
4. 以身作则，权衡行事的后果。
5. 以上所列及没有列出的都是标准常规。
6. 遵守承诺，保证做到，享受其中的乐趣。

我再提醒一下，所有这些陈述中，几乎都没有涉及我的职业，这都是我有意为之的。我希望这些使命、愿景和价值观是可以通用的，这样它们就可以适用于我的生活中的每一个领域，可以不受限制地在任何时间都能体现出来。我不希望它们依赖于位置、职业或者环境，我希望它们反映出真实的自我，而不仅仅是我所做的事情。

如果你记不住你的个人使命、愿景和核心价值观，结果就会像忘记了周年纪念日一样（不建议如此）。

一旦你拥有了清晰的、让人难以忘记的、情感充沛的、令人叹服的个人使命、愿景和核心价值观，那么，接下来怎么做呢？有人说，养成一个习惯需要30天。然而，我发现30天养成的习惯，通常只能维持90天左右，而90天养成的习惯通常会维持一生的时间。因此，在这90天中的每一天里，早起通读你的使命、愿景和核心价值观，然后想想你这一天里会做的事情，花几分钟思考一下，如何将它们应用到这一天的工作中。在这一天结束之后，花点时间反思一下你当天的表现，第二天继续重复前一天的做法，同时做出适当的调整，完善“正在进步的你”。使命、愿景和价值观的融合是一种节奏，能帮助你在任何情况下与所有人保持一致。一旦你进入了运用使命、愿景和核心价值观的生活节奏，你就会发现机遇之门已打开，你会有更多的能力为你的生活带来创新，而不是一直想着你将成为谁，或者你将如何生活。

从今天开始，站定你的立场，

找到你的梦想，发现适合你自己的行为方式。

6.
我们因所做的工作为人所知，因创造的价值实现自我

如果你的个人品牌就是你的影响力，而你的影响力又能让人们进步，那么你的个人品牌就是能让你达到目标的工具——因为人们就是你进步的阶梯，是你通向成就之塔的通道。一开始就明白这个道理非常重要，因为在这本书中，我们将把许多成功的原则与你每天都在塑造的品牌联系在一起。

几年前，我看到一位才华横溢的著名播音员发表了一个主题演讲，内容是关于如何在商界取得成功。他不断提到果汁这个词，这是他用来形容品牌声誉的术语。他以一个简单的问题作为开始：当我们给别人打电话的时候，我们是否有足够的分量让他们在看到是我们的电话时马上接通？或者，我们在挂掉电话的几秒后，他们会给我们打回来吗？然后他详细地、更进一步地提出问题。他们多久会给我们回电话？他们是马上给我们回电话，还是第二天再回？或者六周后再回（并因为忘记回我们电话而道歉）？或者他们不会给我们回电话？

这就是果汁的本质，也就是我们的个人品牌的本质。我们要

么与别人一起分享果汁，要么独自享受。无论是在某一次会议中，还是在日常生活中，我们为他人创造的价值决定了我们有多少果汁。果汁是一种杠杆，是一种力量，是一种影响力。它是决定你是否能在公司晋升，是否能维持原来的状态，或者是否会被解雇的重要因素。

> 你的品牌不仅仅是你与他人分享的东西，更是别人与你分享的关于你的东西。

不久前，我的一个朋友想要升职，如果她升职的话，将给她的经济、生活带来显著变化。在她看来，这是一件板上钉钉的事——她认为，她会毫无疑问地被提拔——事实上，她相信自己有“权利”提升到那个职位。然而，她接到一个电话，邀请她去上司的办公室，让她吃惊的是，升职的机会竟然给了她另一位同事。（“权利”就这样突然飞走了！）

坦率地说，我的朋友觉得她的同事既没有她所拥有的经验，也不如她有能力。所以她忍不住问别人，到底哪里出了问题，为什么她没升职，反而是别人升职？别人告诉她，在做一些部门的尽职调查时，他们发现她与其他团队成员之间缺乏亲和力。公司认为，领导权更适合那些既有影响力又有足够能力的人。虽然我的朋友有更多的技能和更充足的经验，但为了实现公司的目标，亲和力这种特性就变得更加重要。我建议她在家时做些功课，多了解一下为什么她不能与团队产生共鸣。在做功课调查的过程中，她发现她询问的那些人都认为她很专横，觉得她总是表现出一种无所不知的态度。虽然他们是以不同的方式从她身上体验到的，她为这些行为向他们道歉，并开始在部门内重新建设自己的品牌。当再有升职机会的时候，她的品牌如果能够完好无损，不会阻碍她事业的发展，那么她还有希望。

仔细倾听他人，你的品牌将会体现在沟通的话语上。

当你考虑到你的品牌是别人对你的“所有体验的综合”时，你需要特别注意自己在职业生涯中的各个方面表现出来的形象。你的个人品牌体现在各种果汁中，包括能力果汁、信誉果汁、个性果汁、贡献果汁、一致性果汁、通用性果汁、可靠性果汁、乐趣因素果汁等。品牌的影响力是通过细微的小事体现的，因为人们会根据许多小事来评价你，如准时出现的果汁、超出预期的果汁、提供帮助的果汁，甚至在咖啡壶空了的时候清洗它也能给你带来果汁。

事实上，在工作中忽略你任何方面的价值都是危险的，因为你永远不知道在关键时刻，哪个方面是重要的。如果你是一名商务人士，那个关键时刻可能就意味着升职、重组或裁员。对于那些坚持不懈地过着既成功又充实的生活的人来说，影响力（也就是果汁）在任何时候都很重要。它是你的个人品牌构成的实质，也是你充分利用每一天的核心属性。

今天就开始积累果汁吧。

7.
学会感激才能获得真正的成功

有一些有价值的东西在这个世界上是缺失的。事实上，大约80%的人在生活中很少或根本没有接触过这些有价值的东西，15%的人会接触到一些，而5%的人会获得更多。这个有价值的东西就是感恩，出于某些原因，我们对它避之唯恐不及，但它不断地出现在我们的选择中，让我们对自己所拥有的一切心存感激。

虽然你可能会觉得别人的不满就像湿闷的天气一样，十分恼人，但人们表达感恩的心，并不都是表现得很明显，你可能需要仔细观察并与人交流，才能深入地体会这一真相。但若问一些有刺激性的问题，比如问别人生活中缺少了什么，或有什么困扰着他们，或他们对工作或世界形势的感受如何，他们的回答就会让你发现感恩之心已经缺失，取而代之的是不满的情绪。当问到他们搞不定什么，他们鄙视什么，他们缺少什么，或者他们不喜欢什么的时候，负面的想法、观点或随之而来的各种情绪会非常多。只要拉一下牵动他们神经的绳子，就可以让他们自由发挥，吐露心声。而你必须拿出放大镜，才能找到他们所拥有的感恩之心。如果你想在他们喋喋不休的激烈的谈话过程中证明这个理论，只需要问问他们有没有什么值得感激的。而当他们的情绪从之前的低谷恢复到一般水平的基准线时，你会发现你问的这个问题让人非常不满。他们会想：你说的感激是什么意思？我甚至还没有抱怨完呢。

对于人们来说，让他们思考应该感激什么，往往是一个挑战，并且令人震惊。因为这是一个很少被问及的问题，也是一个消失在我们当今文化中的话题。如今到处都是抱怨，我们在公众、媒体、电影和电视上，只能看到感恩的缺失，但如果我们诚实地面对，最明显的缺失其实存在于我们的内心。在没有任何感激之情的状态下生活，对我们个人的品牌和形象，几乎没有任何好处和价值，也无法引起别人的共鸣。

有一个普遍存在的真理——任何负面消极的东西都无法与感激共存在同一空间里。

无论是偶尔的不满，还是长期的不满，只要进行介入，这种微妙的不满本质上都会有所改善。如果你没有体验过（或者即使你已经体验过），那就去儿童癌症病房看看；去发展中国家体验一次文化之旅；去参观一下监狱；或者只是上网搜索一下，了解患有慢性疾病或残疾的人们的生活，看看你会有什么收获。我通常不喜欢将人们引入这样的现实当中，但如果你愿意看一看、想一想这些让人不舒服的地方和让人痛苦的处境，那么在许多层面上它们都能够治疗你的不满。这些会让你产生一种强大的感悟，并可以让你在许多方面重新拥有感恩的想法。

> 我很感激自己的破产经历，它教会我更多的商业知识，比我所受的教育教给我的还要多，我把它叫作我的“破产感恩之旅”。

让人难以接受的残酷事实是，忘恩负义是一种自我关注的形式，对任何人都没有好处。无论你实现了什么目标，获得了什么成就，站在了什么位置，偶尔的忘恩负义或一贯处于忘恩负义的状态，都将为你的个人品牌注入不快乐的因素，也会让你带有不愉快的情绪，并且很难摆脱。因为感恩是我们必须做出的选择，我们可以把生活中的任何事情都变成感恩的范例。我们甚至可以感激我们所处的逆境、我们遇到的挑战和我们碰到的问题。想想看，你是如何通过生活中的种种琐事成长起来的，如果没有它们，你将无法成为今天的自己。问题是，当生活中再次发生不好的事情时，你会在结束时心存感激，还是在开始的时候，就对你将成为什么样的人心存感激呢？

无论境况如何，

始终保持感恩之心=巨大的充实。

今天，感激你当下所拥有的一切吧。

8.
做最真实的自己

第一印象会给人留下持久的印象，对吧？的确。但是在商界，创造良好的第一印象通常更多地被用来当作一种达到目的的策略。第一印象给人带来很多挑战，比如，给人的第一印象包含太多的内容，以至于当第一印象形成之时，如果看起来太过精致，就会给人做作、不真实的印象。有些时候，还会被认为是故意做给人看的，是在演戏，或认为是一种欺骗。

现如今，人们不太愿意相信第一印象，对第一印象都抱有严重的怀疑态度，以至于他们构建了一些流程、一些度量工具和一些情绪评估方法，如迈尔斯-布里格斯类型指标。利用这些评估，他们可以知道在他们面前的人的真实情况。显然，对你来说，做准备还是非常重要的。但印象是由真实的、本质的和固定不变的东西形成和维持的，而不是可以创造、表演出来的片刻幻觉。做准备的同时必须真诚相待，也就是说，准备得越充分，你就会越放松，在抓住机会的同时表现得更出色。这一点肯定能引起很多人的共鸣。

几年前，我为高端定制服装公司——罗德艾伦公司（Rod Alan）开发商业品牌。当时他们的价值主张是定制客户的衣柜，以符合个人的准确类型和形象，当然现在也没有改变。他们的工作非常细致，在工作过程中一丝不苟。他们在购买织物或设计针脚之前，会先考虑客户的身体特征和个性，客户将面对的受众及其他几个重要变量。他们的首席执行官，罗德·贝克（Rod Baker）的愿景是，确保每一件衣服或配饰都符合衣服主人的真实本性，让衣服主人不会产生不满意的感受，不会有不舒服的体验或者感觉到任何阻碍。我为罗德艾伦公司精心设计的标语是“非凡的你（Extraordinarily you）”。这一理念在他们的客户身上表现出的效果非常好，深受喜爱，因此随后罗德和他的写作伙伴里克·瓦格纳（Rick Wagner）就写了一本书，名为《非凡的你》（*Extraordinarily You*）。作为个人形象方面的思想领袖，他们内心都明白，任何人想要给别人留下最深刻的印象，首先要成为非凡的自己。对大家而言，想要创造出伟大的事业，起步线就是成为非凡的自己。而且，如果你相信，并且将“成为非凡的自己”建立在你真实的本性之上，那么这永远是你的起步线。

> 做完整的自己是自我发展的唯一基础，否则，我们一辈子都只是在打磨修饰我们的门面和外表而已。

对于保持真实性具有讽刺意味的是，如果我们遇到一个人，他让我们很恼火，但他就是这样的人，表现出来的是完全真实的自己，那么我们在某种程度上会欣赏他的真实。我们尊重这种真实，有时候还会被这种真实逗乐，我们常常希望自己也能如此真实自在。想想电影《老爷车》（*Gran Torino*）中的克林特·伊斯特伍德（Clint Eastwood）扮演的老人吧，他的性格很坏，顽固、刻薄、粗鲁，然而他是如此的与众不同，如此真实，因此他立刻赢得了我们的心。在电影的结尾，他为了让他的邻居们可以不再受当地黑帮的威胁过上自由的生活，做出了最后的牺牲，他牺牲了他的生命。这个事实证明，无论给人留下的第一印象是什么，最后的印象都能占据首位，并创造出一份永远不会被遗忘的遗产。

相比之下，有些人表现得很有礼貌、穿着考究、出入有排场，但因为某些原因，我们无法与之联系。因此我们无法相信他们，甚至不喜欢他们，因为这些人只有一小部分表现出真实的自己，而很大一部分都是为了得到他们想要的东西，扮演成他们自己认为需要成为的形象。真实的东西吸引人，而表象的东西只会让人远离。“装成功，直到你真成功”是一个让舞台变得孤独的秘诀。当聚光灯集中在你身上时，观众会大批大批地离开，而糟糕的评论会让这部剧停播，然后会有一部新的、经过改进的节目出现。我知道这一点，因为这是我的经验之谈。

> 他们没想过要给我留下深刻的印象。我必须说，这一点让我对他们印象深刻。

不管我在童年时期、成长阶段、职业过程和其他经历中有过怎样的心理活动，我必须承认，我已经花了成千上万个小时去凭空想象别人对我的看法。我为此花了太多的时间和精力，以至于我错过了很多人际关系、很多进步和成功的机会。正因为如此，我和人们在一起的时候总会显得魂不守舍，而我给别人留下的品牌印象是一种失魂落魄的感觉。这就导致了别人可能会自己脑补发生的事情，而不是由我自己去填补空白，诉说清楚。但后来事情发生了变化。以下的想法是一个重要的催化剂，促使我的生活发生了很大的变化：当我不再过多考虑别人对我的看法时，我才能够真正思考。思考他人对我们的看法，并试图给人留下深刻印象所需要的时间和精力，足以降低我们思考重要事情的能力，并减少我们改善周围人的生活的能力。我们的创新将会失败，我们的存在将是肤浅的，因为我们在思考别人对我们的看法上花费了太多精力。这并不是说我们应该忽略别人的建设性意见，比如我之前分享过的反馈，而是说一直不停地想象别人对我们的看法，是一种我们不应该背负的负担。事实上，你以为人们总在思量我们，其实他们对我们的思量并没有我们想的那么多。

对我们来说，做非凡的自己是一种值得拥有的自由，我们应该坦然接受。我们越早在这个神奇的自由的空间里生活，我们就能够越早接受真实的东西，同时完善我们真正的品牌。一开始可能会有点不适应，但是我们要把时间用来与人好好相处上，而不是用来给他们留下深刻印象，单单这个愿望，就会给人留下我们能给人留下的最好的印象。

今天做一个完全真实的你吧，

看看你会给人留下什么样的印象。

9.
诚信是个人品牌的核心

诚信是一个有趣的词。如果你问别人，他们是否拥有诚信，他们通常会说有，而且还会带着某种警告的语气，对你问的这个问题感到不满。然而，如果你在全球范围内进行民意调查，问："这个世界上什么东西正在缺失？"诚信和品格将会是你听到的最多的词。很多人都宣称自己拥有诚信，却只有少数人认为自己被诚信相待。诚信是一个相当宽泛的、被滥用的词，因为每个人对这个词的理解都有所不同，有所创新。大家都是依据过去的经验、感受或者环境来设定诚信的标准，而不是依据一套确定的原则。

我认为诚信最有效的含义是"永恒不变地在起作用的，我们整个信仰系统的整合"。这意味着，无论我们的信仰体系如何定义我们的性格和品牌，我们都必须每时每刻完善它的各个方面。我不知道你怎么样，我总觉得我在这周结束之前将会有不诚信的表现，或者更现实一点，在今天结束之前我就会有不诚信的表现。

声称自己拥有诚信的人，他们更应该在现实生活中用行动表现他们的诚信。

这就是问题所在，没有人拥有诚信。诚信不是你可以拥有的东西，甚至你都无权声称拥有它。表现出诚信的行为是一种持续不断的实践，没有终点，只有新的开始。当我们认为自己拥有诚信的那一刻，就是我们开始放松对实践诚信的承诺的时刻。想一想：既然我们已经拥有了诚信，我们为什么还需要实践呢？也许有人会说：我是一个“诚信完美”的人。顺便说一下，“诚信完美”不是一个词，有一个很好的理由，因为它不可能存在。但我想说的是，我们说我们拥有诚信，就像我们说我们拥有耐心、拥有爱或者拥有自我控制的能力一样。

几年前，我与一个供应商在一个项目上进行合作，即将到商定的截止日期的时候，也就是我自己要进行演讲的前两天，我接到他们的电话。项目筹办者告诉我，这个项目没法完成了，因为他要做另一个项目。因此我只能打电话告知我的客户，这个项目不能按时完成了，这对我来说是一次很不好的经历。而现在，在我的职业生涯中，各种各样的原因使我不得不一次又一次地推迟演讲。一般来说，这并不是多严重的事，并不会因此毁掉一段关系，但在某种情况下，一次延迟就足以毁掉这个关系账户。客户表示，如果这就是“继续合作的可靠性”，那么他们不能继续下去了。客户划出了一条强硬的底线，却是我罪有应得的。

再说说那个项目筹办者，当我崩溃着找他时，他非常生气，暗指我在质疑他的诚信，而我告诉他："你说得对，我确实是在质疑你的诚信。你根据你的情况，把你的工作放在我的工作之前，甚至没有出于职业礼貌打电话告诉我，我的工作可能会被推迟。我本来可以有足够的时间让另一个筹办者来填补这个空缺，这样我也可以按时完成我的演讲。现在不仅你们的品牌受到了影响，我的品牌也受到了影响。"他混淆了诚信与选择性美德或情境诚信的概念。我告诉他，我知道这些事情时常会发生，但如果他早点打电话通知我，让我有足够的时间找另一个项目筹办者来处理，他就能够保持他的诚信。因为这次沟通，我们消除了隔阂，建立了更好的工作关系。

诚信是你在生活中信仰体系的总和，它不能与选择性美德（即善意的谎言）或情境诚信（看人说人话，看鬼说鬼话）相混淆。

每个人都有自己的信仰体系，详细地确定一下它们是什么样的，是一个好办法。下面有25条"诚信是什么"的声明，是我不久前制作的"365天每天一条"的海报中的一部分内容。这是我用来建立自己的价值体系和达到愿景的工具。我全部实践了吗？当然没有。正如我之前提到过的，我并没有拥有诚信，我只是每天、每时、每分钟都在尽我所能地去实践它。下面是关于海报的一部分内容：

1. 诚信是每天的决定，应该说是每小时，或者更具体地说，是每分钟的决定。

2. 诚信在本质上是主动的行为，而不是被动的行为。

3. 诚信是你所说的每一件事，你都会做到，不管需要付出多少努力。

4. 诚信是超越“需要”，将你所做的一切做到卓越的境界。

5. 早上早点起床，这样你就可以实现你拖延已久的梦想。

6. 永不抱怨，绝对的不抱怨。

7. 诚信是守时，每一次都守时。

8. 关注下一步该干什么，而不是找借口。

9. 诚信是对自己的行为负责。

10. 要敢于冒险，因为你知道你要锻炼所有实现诚信所需要的品质。

11. 当需要帮助的人打来电话时，拿起电话。

12. 诚信是注意到店员可能给你多找的零钱，然后还回去。

13. 允许另一个司机开车加塞。

14. 当被询问是否有人想要最后一块蛋糕，而自己没有露出贪婪的笑容。

15. 尊重商店职员。

16. 当你与别人发生冲突时，充分考虑对方的观点。

17. 控制自己的欲望，做应该做的事情。

18. 用创新的方式为他人创造价值。

19. 当别人讲话时，集中注意力倾听。

20. 把事情写下来，这样你就不会忘记。

21. 当有人升职了，而你却没有的时候，不管他是否应该得到这个职位，你都真心为他感到高兴。

22. 诚信是有争议时唯一行得通的选择。

23. 诚信能够激发出人们最好的一面。

24. 诚信是声誉的基石。

25. 诚信是分享真实的东西，而不去担心这会给你带来什么影响。

正如所有组成诚信的细节所描述的那样，诚信不仅仅是一个很高的标准，它是由各种会对你的工作和个人生活的各个领域产生影响的，经过详细的思考组合而成的。你投入的越多，它越能成为你实践的一部分。这个实践是在我们追求情感、人际关系和职场升职的过程中，进行的有价值的、无可比拟的活动。

今天开始思考一下你的诚信的全貌（即每个方面）吧。

10.
为了更好地工作，请保持健康

这看起来好像有点跑题，但我想在本书的前半部分谈谈健康方面的问题，这样你就会知道食物摄入量的变化，是如何影响你的情绪、你的能量水平、你与他人相处的方式及思维的敏捷度的。在我们的员工队伍中，竞争非常激烈，保持最佳的身体状态，可以让我们保持最佳的精力、专注力及耐力，所以保持健康是一件很有意义的事。

这一点很少有人提到。在工作中，以身作则的饮食会让你在为自己和他人创造更多价值的同时，在你需要更轻松地应对工作中的挑战时，拥有更大的优势。请记住，这与身体的体重无关，更多的是与我们的情绪、人际关系和经济负担有关。因为食物摄入不足，会导致健康状况下降，进而影响我们的情绪、人际关系和经济状况。

> 我们的大脑会把不健康的食物变成太妃糖的样子。

几千年前，那是一个完全不同的竞争环境。我不确定在那样的环境里，是否会出现身体萎缩或者营养不良的情况，所以才会有了“适者生存”这样的名言。现在经常会听到这句话，为了生存，你不得不四处转悠，在这片土地上工作、生活。而你从什么地方跑出来的时候，不小心吸进嘴里的一只苍蝇，就是你能从周围获得的唯一的快餐。

如今，在当下这个快节奏、快餐式的世界里，我们很少进行体育活动。如果评估一下我们的身体状况如何影响我们在工作中表现出来的潜能，如何激发我们的工作能力，将是明智之举。有句老话说“精力充沛的人才能拥有世界”，虽然这句话并不完全正确，但我最近开始思考一个问题，食物的摄入量究竟是如何影响我们的工作潜能，如何让我们发展的。我想了想自己的情况，突然意识到，当我吃某些食物的时候，我会由于精神不好，犯困，而变得不想动弹，于是只能在迷迷糊糊、体力不支的状态下工作了。我吃得越差，情况就越糟。通过密切关注自己的感受，我觉得自己能够发现哪些食物给了我能量，而哪些食物消耗了我的能量。很久之后，我才明白，当我在不同的时间里由于饮食不当处于昏昏沉沉的状态时，我生命中的这些人受到了多大的影响。我的商业伙伴、员工和客户都见识过前后矛盾、喜怒无常、半警醒、半信半疑、没有全身心投入的我，我那时简直是一团乱麻。因此，我改变了饮食，并且去了健身房，我很感激自己采取了这些措施（和其他人一样）。这一切的原则是：如果我们真的把我们的健康如何影响我们的人际关系、如何影响我们在工作中的表现，以及如何影响我们的财富这些放在心上，我们就会更加深刻地认识到我们摄入了什么，以及我们应该如何对待它。

健康管理的另一部分体现在我们的工作生活中。据估计，那些忽视健康的人，他们的实际寿命会缩短五到二十五年，他们的有效工作年限也会缩短几年，这是一个鲜为人知的事实。一般来说，专业人士的工作效率达到顶峰的时间会稍晚一些。对那些健康方面有问题的人来说，这意味着当他们的商业智商接近最大增值潜能的时候，可能会出现精力水平下降，可能会因为免疫力低下而生病，甚至可能即将面临死亡。这是一个让人难以接受的话题。虽然让人难以接受，却是真实存在的。

> 你是为了最大限度地提高业绩而管理自己的健康状况，还是在自认为身体状况正常的情况下，以体力不足的状态开展工作？

此外，嗜睡或疾病会使人丧失行动能力，负担也会成倍增加，而且这不仅仅是我们和我们同事的问题。我们还会把其他人从他们自己的生活工作中拉过来，因为他们必须照顾我们，关注我们，或者给我们日益恶化的身体补充营养，并且还要做我们没法完成的工作。这些话很难入耳，确实，但忠言逆耳利于行。如果不这么说，反而是帮倒忙。你的生命依赖于它，你的个人品牌依赖于它，你的所有成功也依赖于它。显然，这些都是在极端情况下可能发生的现实，但这并不是极端的观点。

本周吃好一点，才能有更好的表现。

看看你有什么感觉，看看你因此多做了多少工作。

11.
下定决心努力去做的人效率更高

如果英语中有一个词可以归咎人们没有成长、没有进步、没有开始做某事的原因，那么这个词就是motivation，即动机。“我没感觉到任何动机”“根本没有动机”或“我试着去寻找动机，但根本找不到”。人们把没有做某事的原因都归咎于动机，都说是动机造成的。人们之所以如此普遍地使用动机这个词，是因为它主要基于情绪和感觉，而这些情绪和感觉都处于不断变化的状态。不幸的是，小小的刺激就能改变我们的感觉，当我们抬起我们的脚准备鼓足勇气做一件事时，小小的刺激就可能在大约五秒钟的时间内，将这股力量化为乌有。动机不见了，去哪儿了，谁知道呢?

字典里对动机一词的解释是这样的：推动人从事某种活动的念头，促使人做某件事的原因。你看，人类所有的进步都包裹在意愿或念头中。如果没有努力奋斗去实现这些意愿或念头，它们就会萎缩。做出的这种努力只有在它不受感觉影响，也不会让感觉阻碍它完成任务的时候才会起作用。

> 追求动机的结果往往会让我们产生犹豫、纠结、恼怒等复杂情绪，或者直接导致我们放弃。

一开始我并不想写这本书，因为当时是我非常脆弱的时候……至少，那时不是最佳时机！我觉得在我写完第一本书之后，马上就写一本关于思考，但更多的是关于我们的个人品牌及其对我们工作和生活影响的书，为时过早。我不知道我是否能这么快完成，也不知道我是否能写出一些具有变革意义的东西。我和我的出版商分享了我的想法，告诉他我想写一本书，已经在写了，但他们觉得这是根据我的第一本书《改变你的思维》（*Shift Your Thinking*）的思路写的，可以作为那本书的续写，这在逻辑上是合乎情理的。

在我们反复思考、推敲的过程中，我意识到，我写这本书的动机与我一直想写的那本书的动机还差得远呢。然而，我开始理解出版商给我指明的方向。我决定花一个星期的时间，认真写这本书。刚开始有点困难，我没有办法把这些点很好地连接起来。但我做了一件我之前很少做的事情：我密切地关注自己的动机水平，我的动机水平在这本书写到大约30页的时候才发生改变。在那一刻我突然意识到，我的愿景已经超越了动机，我相信这本书会给人们的生活带来永久的影响，这个愿景直接进入了我的大脑。就好像在写这本书的过程中，我突然不需要动机了，脑海中只有一个念头，努力完成目标。尽管动力水平不稳定，但这种念头不再仅仅是一种感觉，它让人全身心地投入，让人把它当成一个事业，一个希望。一件能给现在的好工作带来希望，也能给未来带来希望的事情，希望能让我写出更多好书。

我感兴趣的是，动机、目的、愿景它们分别是什么时候出现的。在我开始之前，它们都没有出现，而我以为只有它们出现才会推动事情的发展。在我的书写到大约12%到15%的时候，这件事情已经开始好一会儿了，它们才出现。一旦我进入写作的节奏，一种坚定而持久的动机就出现了，那就是为了读者而写，为了正在看着这些字的眼睛而写。

我们可以在没有动机的情况下，努力完成一个项目，并进一步深入思考如何创造可持续发展的动机，而不是依赖于不可预测的动机。

因此，当你想要做一件从来没有做过的事情，或者想要将一件事情提升到一个新的水平时，可以考虑跳过寻找动机的环节，直接让自己下定决心，努力奋斗，投入创造持续动机的事业中。你会发现价值存在于行动的过程中，而过度思考是没有价值的。在飘忽不定的情绪中游离搜索，试图将它们转化为动机，也是没有意义的。因为从一开始，你就不需要这些动机。

今天跳过动机，直接下定决心努力去做吧。

12.
改变表达方式，让你的话更有价值

每个星期一到星期五，只要不睡觉，我们大部分时间都待在工作的地方。我们的工作是我们生活中非常重要的一部分。然而，如果你问大多数人，他们是做什么工作的，他们的回答听起来大都非常苍白、缺乏信念、让人没有灵感、令人感到惊讶，而且他们常常会反问我们一些问题，在得到答案后也没能真正搞清楚我们在做什么。我们果断地描述与工作相关的问题，讲述我们的工作，并在描述工作时表露出来一些自己的情感。而别人听到之后的反应，就是我们做这一切的价值所在。他们可能会被我们的话题吸引，也可能会转移话题，而他们被吸引的程度与我们当时表现出来的激情成正比。

> 我们不应该认为别人有倾听的责任，而应该认为自己有责任依靠自己的能力让别人倾听。

有几种方法可以告诉人们，你是以什么赖以生存的。举个例子，当时我的事业刚刚起步，在一个牙医诊所，有个牙医问我是做什么工作的。我满怀激情地告诉他，我是如何帮助了那些生意场上的人，并且非常坚定地讲述出我的价值观。最后，那些昂贵的牙科诊治都给我免费了，并让我赊欠了大约1万美元，因为他雇我给他的牙科诊所打造品牌。由此可见，我们如何告诉别人我们所做的工作是很重要的，在某些特定情况下，更显得尤为重要。所以有一个可靠的方法总是有好处的，“熟能生巧”这句老话，在此处是不适用的。因为我们不是在追求完美，也不是在做准备，更不是在排练，我们只是在努力寻找一种表达方式，能恰当地说明你是谁。这需要练习，之后你的表达方式才会听起来自然、吸引人。解释工作性质的一个好方法，也就是所谓的“电梯游说”，是需要在信念和内容之间取得平衡，这样它听起来才不像是炒作，也不会让你的听众昏昏欲睡。

你可以使用简单的概括、简短的观点和快速推介等方式向他人介绍你工作时所扮演的角色，你可以在不同的情况下使用这几种方法。如果你想要别人完全明白你传递的信息的价值，我建议你添加一些对话要点。我们可以用俏皮话来说明我们想要表达的一个简单的有价值的观点，举例来说：“我们的一个客户五年多以来付给我们5000万美元，而我们为他们创造了9.5亿美元的利润。”另一个例子是：“我们让一个客户从全国排名第23位变成了全国排名第1位。”这些有助于让别人了解我们所做的事情的实质，也增加了我们所做的事情的可信度。还可能会发生下面一些场景：

问题："那么，你是做什么的？"

简单概括："我是国内最大的设计建造混凝土承包商的项目经理。"

简短的观点："我是国内最大的设计建造混凝土承包商的项目经理，我们主要从事混凝土停车场结构和多层建筑的建造工作。"

快速推介："我是××建筑公司的项目经理，我们是国内最大的混凝土承包商之一，我们设计并建造混凝土停车场和多层建筑。事实上，如果你去过米高梅大酒店、本田中心、加利福尼亚迪士尼大酒店，那么你不是停在我们建造的停车场里，就是走进了我们建造的建筑中。"

第三种介绍你从事工作的方式是最好的，它能让与你对话的人身临其境。举个例子，几年前，也就是我经商大约二十五年之后，我的父亲问我："迪安，你到底是做什么工作的？"过了这么久，他竟然还不知道我是做什么工作的，我们都笑了，然后我说："好吧，还记得你之前做保险的时候吗？"……我继续跟我父亲说，如果他当初雇用我，我能为他做些什么。我花了几分钟的时间，将点点滴滴的信息与他的世界联系在一起，让他弄清楚了他二十五年都没有搞明白的事情。最后他笑着说："现在我完全清楚你是做什么工作的了。"当时，对我们两个人来说，都是特殊的时刻。现在，当有人问我是做什么工作的时候，我有时候会说："嗯，先告诉我你是做什么生意的，然后我会具体地告诉你我会为你做些什么。"

事实上，少一些机械的词汇，多一些相关的事例，是一种很聪明的行为。无论你决定如何介绍自己的工作性质，你都得练习、训练、预演，直到那些话可以很自然地说出来，给人以清晰、坚定的印象，并与你交谈的人产生共鸣。

今天，花点时间完善你的表达方式吧。

13.
完善职业信条，让你更快地取得成绩

如今，商业快速发展，而且还会更快。平均发展的速度就像奥运会的竞赛，人们疯狂地想要以光速达到目标并保持住这种发展，更不用说所有人都想领先，这就形成了一种紧迫感。在工作的世界里，我们只希望不要被流程、绩效评估、技术等淘汰。任何自满、任何能让我们看起来在努力工作，或者让我们看起来表现很好的诡计、表演或策略都没有生存的空间。一直保持模范的职业信条是成功和进步的基本要求，这是现实决定的。

无论在公司上班还是自己创业，你都会有一个疑问，为什么数以百万计的专业人士和梦想家从来没有取得成功，也没有完成他们付诸实践的愿景和目标。他们开始很兴奋，做一些推动事情发展的事，实现一部分目标，但更多的时候，事情会变得很艰难，之后一切戛然而止。于是，他们心里会认为“别的事情会有更好的结果”，但过了一段时间，他们又会遇到相同的阻碍他们前进的问题。这种情况大量上演，只有那些拥有强烈的职业信条的人才能克服。奥林匹克运动员就是成功人士中很好的例子。他们在痛苦中训练，这种痛苦与杀手的职业信条不相伯仲，他们为了更伟大的目标而努力，因此可以克服这种痛苦。

> “等机会来敲门”的时代已经结束了。我们必须寻找机会、追逐机会并抓住机会。
>
> 至于敲门……我不会等着别人来敲门。

在我被邀请去做导师或者顾问的时候，我发现绝大多数情况下，如果事情没有改善、没有进步或者没有成功，很少是因为没有策略或缺少机会。做了一些基本的调查之后，我通常会发现，一个人只要有一个正确的方向，在战略上就足够了。但是他们的工作习惯，如在逆境中奋力拼搏的能力、是否能正确看待别人拒绝的眼神、是否能完成需要做的艰苦工作，以及是否能获得所有本可以获得的力量（即那些当一个人拓展到一个新的职业信条水平就可以获得的力量），他们都没有。工作在某种程度上是另一种形式的发展和创新，我不想贬损策略的重要性，因为它能最大限度地发挥职业信条的重要作用。但如果没有严格的工作纪律，仅仅只有战略，是一件危险的事，因为它会让你在这件事和另一件事之间来回跳跃。如果职业信条始终如一，并且能创造奇迹，那么这一定是思维智力和战略共同作用的结果。

然而，改善之后的职业信条，其真正的价值并不在于改善之后你所取得的明显进步，而在于改善之后你的性格有了怎样的改变，你的个人品牌加入了什么内容。它有一种能力，能将你的信念和勇气提升，让你无论面对什么，都不会恐惧。它带给你的压力也很小，你不会对未来充满不确定；你会把握它，会自信地认为自己可以依靠职业信条的力量渡过难关。如果你坚持这样做下去，你就会成功。如果你每天的生活都依照这样的节奏进行，这就是优秀的职业信条的永恒价值。

我曾经给成百上千的人提过建议，这些人在职业生涯中经历过很多次的起起落落。只要审视一下他们目前的愿景或目标，就会发现一个发人深省的现实摆在他们面前。每当他们热情兴奋地说出他们准备要征服的东西之后，我都不得不说一些话，如："如果你以前真的开始做过六件事，最后又都停止了，而且从来没有成功过，也没有体验过实现目标的过程中的艰难困苦，也没有采用'把事情做好'的职业信条，也没有为达到这个目标做好准备。那么，你怎么会认为当前的目标或愿景与以往的有什么不同呢？"然后我们就会开始讨论新的行事方式，以确保能把事情做好。无论什么时候，当你开始着手做一些事情，最后又停止了，或者在你做这件事的过程中停滞了一段时间，你都会在你的性格和习惯上建立起一种易变的特质。这种特质会颠覆你以往的习惯，使你很难完成任何实质性的事情。但是，你只需要通过努力付出，把一件事情做好，做到极致，或者在一件事情上取得彻底的成功并保持下去，那么你就能把下一件事情做到极致，或者取得彻底的成功。

卓越的职业信条像一种音乐节奏，能让你像天鹅一样优雅、轻松自如地迈上进步的阶梯，宛如翩翩起舞。

无论何时，如果你以前有职业信条的话，当你决定改变你的职业信条，那么你基本上不会再保留以前的职业信条了。因为在改变的过程中，你会发现一个更强大更新的职业信条。这个原理类似于锻炼肌肉的原理：坚持锻炼可以增强力量、耐力、信心，带来持久的变化，我们都知道如果我们停止锻炼，会发生什么样的结果。一个维持现状的职业信条，最终会把动量转化为“动量或倒退量”；而模范的职业信条将会创造出“流动量与成长量”。抱歉，我觉得我的表达可能有点诗意的抽象。

不要只重视你的职业信条今天给你带来了什么，

而要重视它能怎样塑造一个全新的你。

14.
建立良好的人际关系，让每一次谈话都有收获

如果你衡量评估每一次谈话的结果，你会发现有些是阻碍进步的累赘，而有些是无可比拟的无价之宝。无论是哪一种，在每次谈话结束后，你都会在心里为接下来要做的事情设定轨道，也将会进一步定义这段关系。对话非常强大并且不可思议，我们应该小心处理，因为它们可能随时扼杀进步，也可能随时促进发展。那么为什么有那么多对话没有意义呢？

理由很简单：对话常常是以自我为中心的单向广播，而不是互相关注的双向交流。需要我解释一下吗？因为不是每一次对话都是达成目的的手段，也不是每个人都需要达成目的的手段。在每一次对话的字里行间，你都有机会鼓励别人实现目标，有机会帮助他人完成工作，或者发现他们的世界中真实的事物。我们的目标是在对话取款（在对话中索取，获得一些东西）之前进行对话存款（在对话中付出，为别人贡献一些东西）。这种练习一开始你可能会觉得有点尴尬，但持续一段时间之后，你就会更自然了，你就不用去想它了，而是自然地从中受益。你必须认识到，

别人不仅仅是你在生活中取得更大进步的渠道，那些以这种方式对待人际关系的人，很快就会显露出他们以自我为中心的本性，他们的个人品牌最终会被忽视、被降级或者被淘汰。

> 每一次对话都是资产权益；每一个词汇都是有价值的，相当于现金、资源、影响力、联系或者人际关系。

几年前，我当时正在寻找新的工作机会。我打电话给我的文学经纪人乔伊，问他是否认识什么新媒体公司。他告诉我说他有几个朋友，他们拥有一家名叫诚实实验室（VeracityColab）的小型视频公司。这个公司只有三个合伙人，每年的销售额只有几十万，但乔伊说他们都是很棒的人，有一些惊人的才能。这是我从这次对话中所了解到的信息。

第二次对话是我给这家视频机构的合作伙伴打电话，看看我们能不能见面谈谈。我告诉他，我以前是一家机构的首席执行官，想帮助他们的公司发展，我想和他们见面，看看他们是否接受这种关系。我在心里下定决心，第一次见面首先要建立关系，并给他们创造价值，看看结果会怎么样。通过在人际关系中建立价值，而不是试图让它为你所用，你就可以更多地了解别人。我们见面大约谈了2个小时，在这段时间里，我问了很多问题，评估了他们目前的商业模式，提出了一些战略建议。离开之后，我对这次对话感觉很好，后来他们告诉我说，他们也有同样的感觉。

几个星期过去了，我一直没有收到他们的任何消息。这时，有一个品牌推广项目，我准备着手去做，想着如果我把这个项目交给那家视频公司来做，那么这种行为是否可以作为一种姿态，会让我说的话更有说服力呢？之后我也这么做了。这个带有视频的设计项目大约价值4万美元，我没有亲自接手这项业务，而是告诉我的客户，我认识一个可靠的人可以做这个项目，并告诉那家视频公司的人，怎样才能促成这笔交易。他们只见了一面，就谈妥付款了。一个星期之后，他们打电话给我，说他们相信我起到了一些作用，想要更认真地谈谈。他们想让我了解，如果跟他们的视频公司更紧密地合作，我将会有什么样的前景。

我想，如果我对这段关系做出了很好的贡献，那么它的结果就会很好，或者就像在这种情况下，它会有一个全新的好的开始。事情就是这样发生的。

长话短说，我们之间的“约会”持续了一年，那年年底，他们邀请我成为他们公司的合伙人。在接下来的几年里，在一个优秀的领导和团队的共同努力下，我们将公司打造成了国内最大的视频代理公司，与世界各地的一些大客户合作。无论是在经济上，还是人际关系，我都可以追踪这段关系的发展轨迹，并且直接追溯到我与经纪人的一次非常具体、非常令人难忘的对话：“你认识什么人，他的公司正好需要有人帮助它成长吗？”接着就有了另一段对话：“你有兴趣找人帮你发展公司吗？”然后一切都如上所述发生了。

聪明的谈话就是进步：越多越好，越少越糟。

如今在商场中，需要建立一些重要的关系，让每一次谈话都变得有价值，尤其是在你致力于为它带来价值的情况下。再次重复我之前说过的话，把人际关系放在日程安排上，不管你问哪一位成功人士，他们都会很快告诉你这个答案。正是在这一过程中建立起来的人际关系，让人生的旅程每天都取得惊人的成功，而这些人际关系催化了每一件好事的发生。

今天就与人进行一些有意义、互相关注的谈话吧。

15.
如何做到有效沟通

有一个阻碍职场进步的最大问题，那就是语言上的含糊不清，或者在典型的日常交流中，缺乏清晰具体的沟通和委托。它表现在谁将在什么时候做什么事，这是一个每天都会问到的神秘问题。无论出于何种原因，在沟通和委派的过程中，省略必要的细节已经成为一种标准的做法。因为在繁忙的工作中，有时更容易忽略细节，而用概括性的语言表达出来，因为目前做到这一点更容易。虽然在我们的对话、委托和书面交流中，描述细节需要做更多的工作，但是这么做节省的时间、减少的压力及所取得的进展，从第一天起就能体现出它的价值。此外，我们的个人品牌也因此变得清晰，而不再晦涩难懂。

有一个模棱两可的词，是造成很多问题的罪魁祸首，那就是“我们”这个词。“我们”这个词可以很好地用来作为团队和公司的集体口号。

“我们要成为全国第一！”

“我们会赢得下一场的重要比赛。”

除此之外，如果一个团队不能明确地指定谁来做某项工作时，“我们”可能就要承担这个责任。有一个这方面的例子：你有没有参加过这样的会议？这个会议上的所有成员都在讨论事情，并说“我们要像一个公司一样去做”。

“我们需要改进我们的客户服务。”

“我们需要改进我们的销售流程。”

“我们需要重新设计我们的工作流程。”

但我们是谁？会议继续进行，话题不停地跳跃。在交流中，有些东西丢失了，人们带着各种零碎的计划离开房间，仍然不清楚谁将负责管理进度，谁将负责完成工作，谁将负责衡量结果。是我？是她？是他？是他们？是我们？是一个团队？是一对夫妻？是阿曼达？还是约翰？……我们是谁？将要做什么？完成的实际临界点和时间线是什么时候……这些能不能详细地说明一下？

当业务对话中的“我们”转换为“谁”的时候，就是一个团队能够主动让那些对成功至关重要的人员对项目承担绝对责任的时候。一个包含“我们”的对话是团队混乱的开始，它会延续团队的混乱状态，也会导致非常多的目标、策略和战术过早地结束。顺便说一下，将包含“我们”的对话转换为明确是“谁”的训练并不是要颠覆团队的方法。相反，它是一个团队的开端，是一个团队的力量，是一个团队推动个人责任的有意为之的方法。只有这样才能确保团队里的每个人都服务于整个团队集体，才能确保事情得以完成。

> 沟通细节能创造灵感。模棱两可的交流只会引起躁动不安。

“我们”是一个会因为各种各样的原因，产生各种各样的负债的术语。首先，“我们”几乎不可能对任何事情负责，除非上面附有具体的名字和细节。其次，“我们”已经成为一种逃避工作的秘密策略，或是一种将工作量最小化的秘密策略，因为对话中提到的模糊的“我们”不需要独自对任何事情负责。“我们”也是一种自我保护的策略，将我们的行为扩散到集体中。因此，一旦出现了问题，责任不会直接落在个人身上。如果我们想树立一个良好的个人品牌，获得别人的尊重，最好站在自己的立场为自己说话。坚定地守住自己的信念，而不是试图把我变成一个模糊的“我们”。用这种方式使用“我们”是一种“责任风险扩散”行为，任何人都不应该这样做。

在任何商业环境中，批判、冲突、痛苦，甚至员工的敌意都是由于没有特殊性的模棱两可的表达造成的。只说“我们”而没有指明“谁”的情况下，在委派工作的时候就会出现这样的对话：“嗯，我以为你说过你会做的！”“没有人告诉我要我做那件事！”“不应该由某某人来处理这件事吗？”这是符合逻辑的。一般来说，最初的对话结束之后，时间过得飞快，所以没有人能够对每一件事情都十分确定。而“我们”的车轮不停地带动集体缓慢地前进，缓慢地疏通。

成功人士说话很有条理，从来不会让同事或者团队听了他们的话后云里雾里。他们以身作则，促使每个人发挥他们的高效能，让他们同舟共济、勇往直前，向着同一个目标奋斗。相比之下，那些只说些泛泛之词而不深究细节的领导者，会形成低效高压的公司文化。因为这些领导者不愿意创造出始终如一的、能用具体而完整的语言进行表达的文化氛围。

当“我们”最终成为一个具体的“谁”时，一个经常被人忽略却会导致不幸发生的事实是，人们几乎无法辨别判断谁是项目或计划的最佳人选。在会议中，话题总是转换得非常迅速，以至于总是根据某人的时间、愿望、部门的选择，以及其他可能导致错误选择的变量来决定责任的分配。很少有人能够深思熟虑，精挑细选有天赋的人来完成任务，争取把一个普通的任务做出非凡的结果。通常情况下，一些工作负担不重的人会说“我能行”，或者人们会把工作委派给有时间的人去做，实际上，一个在这方面的工作上有天赋的人，不需要花太多精力或时间去完成这项工作，因为他们精于此道。大多数企业都有这样的问题，这种问题就是不恰当的工作委派造成的压力失调综合征。这意味着你经常给人们安排超出他们的才能和激情之外的工作。这时就会出现倦怠，更糟糕的是，他们会认为“我出局了”，这也是不可避免的想法。

为什么这么多目标、任务和计划会失败，其中第二个原因是，在表明将要做什么事情的时候，表达得不够详细。我也会有表现不佳的情况，我在美国企业界看到的情况也不怎么样，由此，我可以断言，由于不愿意花时间确定接下来的所有步骤，并对此进行协商谈判，60%到80%的对“某件事情”的沟通从一开始就注定失败。结果是什么呢？你会听到人们这样说，“我告诉过你要这样做”或“我没说过要那样做”，而委派任务的人却不会为他们含糊不清的表达负责，他们只会责怪对方没有认真听。

事实上，通过改进我们的沟通方式，我们可以取得更大的成功，人们也能更好地理解我们的期望，而不应该给他们一些模糊的概括性的表达。人们的倾听效果与我们表达方式的有效性成正比，但如果我们真的想要获得高效的结果，最好以书面形式授权，并详细解释。当你把事情写下来的时候，你的工作效率会立刻提升，由工作相关的事情造成的紧张程度也会立即降低。而且因为你对待这件事的态度非常认真，别人也会更加认真地对待这件事。

在关于“什么事情”的沟通中，导致沟通失败的另一个罪魁祸首是假设。我们总是假设对方有足够的经验，或者在某些情况下有足够的协调能力，能够通过基本的、简短的或者粗略的交流而获得信息。当你表达你想要什么的时候，不要做任何假设。每一次交流都要详细、清晰，反复强调要点，确认对方已经理解你的意思，鼓励对方展现出优秀的表现。如果我周围的人经常不配合我，我就会照照镜子，反思我是怎样与人交流的，更确切地说，看看我是怎样导致没有达到预期的沟通效果的。

需要明确说明的第三点是时间线和最后期限，即什么时候，它们通常是业务的生命线。不知出于何种原因，人们似乎都有一种恐惧，那就是害怕直接告诉别人自己在什么时候需要完成某件事。我们使用一些柔性的语言，如“你方便的时候给我，或尽快给我”“下周什么时候给我都行”“明天什么时候都可以”。

显而易见，这些意志薄弱的人定下的时间框架几乎每次都在折磨我们。它们还会让我们与同事之间的关系变得尴尬，而这种尴尬原本是没有必要的。例如，有人给你一项任务让你去完成，然后告诉你：“你什么时候有空做完都可以。”而几天之后，他们会疯狂地保证说，他们当时告诉了你哪天就要做完的。这种情况直到今天仍然会发生很多次，数百万人会因为自己的决断力而感到过度沮丧、过度愤怒、严重受伤，或感到压力山大。

> 你不会在专业人员的语言中找到“尽快”这个词，你会发现他们提出的要求都有明确的时间轴。“尽快”这个词不是一种委托，而是一种混淆，让人困惑。

对我们来说，需要让那些对我们提出模糊要求的人表达清楚，什么时候由谁做什么事情等细节的具体要求很重要，就像我们对别人提出具体要求一样重要。这样做的好处是当问题发生的时候，我们可以问责具体的人。我们还可以充分利用我们真正具体的业绩潜力，节省我们最重要的资产——时间。详细地进行沟通当然是不容易的。然而，在交流中说些模棱两可的话，需要付出巨大的代价。这会增加我们额外的工作量，增加我们的焦虑感，增加事情的复杂性，以及造成许多本可以避免的负面结果。

详细具体的沟通，重要的不是你必须做什么，而是弄清楚你是谁，这是一门把清晰作为核心价值加以整合的学科。这样别人在与你相处的时候，就可以保持清晰的头脑，对事情有清晰的了解。在详细具体地衡量自己取得的成就的同时，也在培养自己的性格和与人相处的方式。如果你做事的结果令人难以接受，你会愿意以负责任的专业人士的身份看待自己的问题，对结果负责，而不是认为自己是受害者。

今天在表达“什么时候”由“谁”做“什么事情”的时候，说得更具体一些。看看事情是怎样变得更容易、更有成效的，而你是否会变得更愉快。

16.
不论处于什么职位，每个人都在谈判

如果你仔细想想的话，你会发现任何职业都是一系列持续的谈判。我们并不是每次都会这样看待事物，但当你工作的时候，你会发现，别人会试图让你按照他们的方式看待问题，或你会让别人按照你的方式看待问题。可以说，我们都是销售人员，只是有些人销售的是商品和服务，而其他人销售的是他们的想法、方向、委托、责任，以及其他让日常行为得以延续的必须事项。职业和在开展工作的过程中发生的一切，都是由你与别人谈判的内容决定的，我们应该接受这个观点，并完善谈判技能。

即使是那些认为自己永远不会销售，根本不是销售专家的人，也是谈判者。他们在工作中从来没有停止过与同事谈判，在家里也从没停止过与家人谈判，在商店里总是会与店员谈判，在服务中心也会一直与总经理谈判，他们也会与供应商、投资者等各种各样的人进行谈判。从本质上说，几乎每个人都处在我们谈判桌的另一端。无论我们是想在工作中获得更好的职位，还是在大街上想要说服交警不要给我们开超速行驶的罚单，这都是谈判。

想要与别人更好地进行谈判（即劝说、影响、控制、指导、销售、感动），首先要承认自己是一个谈判者，这也是事实。其次，要明白如果我们愿意在每一笔交易中给别人关怀，给别人带去价值，谈判者可以是一个高尚的职位。我们都知道谈判需要技巧，但是其根本在于用心。关于谈判策略和战术的流派有很多，而我的方法是先关怀，然后再转向技巧、策略和战术。

> 保证别人在生意中获得利益是使生意简化的一个方法。它可以消除阴谋、诡计和胁迫带来的影响和压力，它创造双赢的和平进程，是衡量胜利的最终标准。

那么，在谈判中，如何将“关怀”从一个抽象的概念变成一个有用的工具呢？首先，在你开始任何规模或类型的谈判之前，花点时间想一想，并写下胜利对对方来说意味着有什么收获。也要思考对他们来说，失败意味着有什么损失。当你站在别人的立场上去观察、感受，然后思考你想要的东西时，你会惊奇地发现你看到了整个事件的全貌。它可以帮助你从一个独有的角度，而不是仅仅从你自己的角度来看待谈判的所有细节。并且，你的这种敏感性会立即得到对方的欣赏，这是开始一场伟大的谈判的第一步。

不久前，我的商业伙伴和一位高管向我推荐了一款利润丰厚的在线游戏。我的搭档的父亲是世界上最优秀的扑克玩家之一，我们到了一个可以用来做展示和开会的地方，但不是很顺利。他们告诉我他们的想法之后，我就离开了，之后我开始思考踏入赌博行业的后果。我花了大约30分钟专心思考这个问题，然后召开了另一次会议，与大家分享了我的想法。他们听了这个想法之后都很激动，于是我们开始了谈判。我知道我们都有崇高的核心价值观，都重视人际关系。于是，我走进他们的办公室，一字不差地和他们说了以下这些话：

伙伴们，很明显这是一个很好的机会，也是一个可以赚钱的机会。但我想让你们考虑几件事。首先，现如今至少有100人会因为赌博问题而失去家庭。在这100个人里，如果他们的婚姻没有因为其他的事情而破裂的话，那么他们也会因为赌博问题而破裂。我猜在接下来的几个月里，至少会有几十人因为赌博问题失去一切，从而变得无家可归。这看起来似乎有点牵强，但我确信，在未来的一年里，或者更多时间里，许多人会被毒打，甚至会被谋杀，因为他们无法戒除赌瘾，而导致欠下许多无力支付的赌债。

我不需要提高嗓音大声喊叫，也不需要情绪激动地争辩，我只需要传达一些我认为与他们相关的信息，让他们自己思考。我们来来回回反复说了很多，在谈话结束时，我请他们想想我在开场白说的话，那是非常清楚的现实。最后我总结说，我们并不是必须参与其中才能达到我们想要实现的目标。最后，我站在我的立场上，非常平静地说出了我最后一个重要观点："如果你们决定这么做，我会理解的，但我不会这么做，所以我们需要想个办法让我从这项业务中退出。”

几周后，我们全部人都决定永远放弃这个计划，继续做以前的业务。虽然我看起来态度很强硬，但我的内心深处还是关心他们的，我知道，他们看到的是金钱诱惑，而忘记了潜在的危险。谈判的结果是好的，因为我知道他们会选择他们的本性，而不是钱包。

> 成功的谈判如果不能达到双赢的结果，就只会得到双输的结果。

在谈判中，情绪起着非常重要的作用。如果你准备得够好，你可以将谈判变成一件轻松的事，你可以营造一种氛围，让每一个人都理智地思考，和平地谈判。不管你是在谈判，还是在推销自己，你对别人的关心会成为让事情运转的催化剂，也会驱动你去了解对别人来说什么是最重要的，想清楚这些事情可能会有怎样的结果。在开始谈判前，先问清楚对别人来说什么是重要的，可以让双方的关系不再处于敌对状况，不再互相攻击，而让双方趋向于保持合作的态度。如果给予对方足够的关心，他们通常也会为你着想。在这个过程中，谈判不仅仅会得到结果，在谈判结束之后，你们还会因此建立起持久的关系。

今天，不管做什么事情，

当需要谈判的时候，给对方一些关怀。

17.
我们所做的事比想要做的事更重要

如果你给同事委派了一项任务，这项任务很重要，如果没有完成，将会有非常严重的后果。你问他们能否完成任务，你希望听到什么样的答案？是“好吧，我打算完成它”，还是“什么都不用担心，我会做好的，你完全可以放心”呢？

你是否曾把美好的愿望抓在手里？你曾经用美好的愿望购买或交易过物品吗？虽然愿望的情感价值可能是一种美好的感觉，并且我们也会欣赏纯粹的动机，但它们对我们周围的人没有任何有形的价值。愿望本身对我们的品牌、推广、进步……甚至成长的影响微乎其微。有些人选择生活在这样一个世界里，在这个世界里，只要付出努力，就能得到足够好的评价，每个人只要加入就能获得第一名。可问题是，一旦他们漂浮在这种想象中，他们也只能在幻想世界中达成。因为只有在幻想世界里，人们才依赖抽象的想象。而在这个现实世界里，唯一真实的东西只有不确定性和停滞不前的结果。

如果你想知道你的愿望有什么价值，会不会有结果，那么只需要给别人写一张愿望支票，看看能否达到预期的结果。

在当今世界，衡量我们价值的尺度是我们在物质世界中所做出的贡献，而不一定是我们内心的想法，或者我们的愿望。这并非是一种冷酷无情，而是当今人们需要的结果。人们需要的不是空洞的承诺，也不是已经失信的承诺或者无法实现的愿望，即使这愿望本身是没有错的。事实上，在高性能的环境中，我们认为每个人都有他们的想法，而宣称自己有想法并不能体现任何品牌价值，底线是：我们永远都不应该说“我打算完成它”。这句话永远不应该出自我们的口中，如果别人说出这句话，我们应该要求别人给出更坚定的承诺。

确保你的愿望在今天表现得与众不同。

18.
承诺不分大小，都要遵守

在一个月的工作时间里，你可能会接到要求，让你完成一些相当重要的工作。你也可能主动请求完成这些工作，但你不会每天都有重要的工作要做，甚至也不会每周都有重要的工作要做。相反，我们平常的工作生活基本都是由许多正在进行的小事组成的，如“我会在下午2点前把这个交给你”“我会准时参加会议的”“我会再打电话和你说那件事的”，这样的小事情每天都会发生很多，无处不在……并且一直在发生。

我们都知道，如果我们违背一项重大的承诺，会产生一些严重的后果。而违背那些随意许下的小承诺，我们相信，我们可以通过编造一些有创意的借口，或通过一些可爱的小手段逃脱惩罚，或者只是简单地把它们推掉而不受惩罚。不管我们选择哪一种方法逃脱惩罚，我们似乎认为违背这些小的、飘忽不定的承诺对我们的声誉或人际关系都不会产生影响。也许是因为这是一种常态，像我们经常说的：“每个人都这样做。”

然而，当我们履行我们许下的每一个承诺时，人们心里都有数。当你在别人眼里绝对可靠的时候，信任就形成了。相反，总是不遵守小承诺会无声无息地扼杀我们的个人品牌，甚至会在悄无声息中扼杀我们的性格。

在小事上信守承诺，会让我们获得更多参与大事的机会。

人们有能力在自己的生活和事业上进一步提高自己的地位，而与我们一起工作的人，对小事情的关注度超出我们的想象。他们明白，我们如何履行我们的承诺通常表现在我们处理细节的方式上，即我们所做的小事情和隐含的潜在承诺。当我们不履行我们做出的小承诺时，就会有问题产生，而我们之所以不履行承诺，或许是因为这些承诺从我们的记忆缝隙中溜走，被遗忘了。因为我们没有一个好的提醒系统提醒我们去记住它们，或许是因为我们根本就没想去遵守这些小承诺。是否履行每一个承诺，是我们的选择。当我们做出各种各样的承诺（不管是随意的还是认真的），并始终如一地坚持履行时，我们的行为会给人留下一种印象。让人们知道我们对这些事情的关心，表明我们对于组织的价值，最终也表明在重大事件上我们也是可以被信任的。

今天遵守每一个承诺……不论大小！

19.
放慢脚步，好事就会发生

作为一家大型广告公司的首席执行官，多年来，我与各种各样的人一起工作。在我们机构工作的每一个人都有能力做好自己的工作，因为我们的筛选过程非常严格，就像为高度机密的政府部门审查高级行政人员一样。我们让候选人与各种各样的人一起进行测验，并接受一系列严峻的挑战。因为我们意识到，没有糟糕的招聘，只有糟糕的招聘方式。我们谨小慎微地雇用员工，因为我们不想让有能力却没有品性的人玷污公司的文化，那样的人无法让公司成为一个和平的、令人惊喜的地方。

在面试过程中，我们无法清晰地得知员工的特征，即他们在应聘后如何完成一周的工作。我们只能等待，看他们是如何做事的，才能知道招聘的结果如何。我们雇用的人中有一些做事有条不紊，那么我们可以留出空间，让他们参与建立人际关系的对话，并为他们提供足够的时间和空间来帮助别人。他们有一种平和的气度，不会表现出恐惧的行为，并且他们能在所处的环境里有良好的表现，发现别人没有发现的问题。我们非常感谢这些人。他们不止一次地救场，他们选择根据自己对项目的认识程度按部就班地一步一步地推进，他们是一项宝贵的资产。他们乐于助人的性格，以及他们的意识和洞察力让他们很受欢迎，在升职加薪或者有其他形式的嘉奖的时候，他们是首先考虑的对象。

> 如果你想非常快地达到目标，那么你将会因为过分贪婪而失败。

另外，有些人加入公司后，把他们自己的工作做得很好，但也仅此而已。他们就像仓鼠一样，走进门，然后爬上仓鼠轮，直到一天结束才下来。他们做的所有事情就是让仓鼠轮转得快一些，同时还要时刻担心会掉下来、速度会变慢或者会犯错误等问题。我们可以轻而易举地发现他们完成了自己的工作，但相比其他任何事情，我们更容易注意到的是他们对自己的关注。他们的行动非常迅速，以至于他们错过了许多其他奖励，因为他们既没有融入公司文化，也没有做过超出他们职责范围的事。这种人行动速度非常快，以至于其他人根本看不到他们的身影。当发生这种情况时，我们发现他们过度关注自己的世界，以至于会在众目睽睽之下孤立无援、形单影只。最后他们会变得孤独、空虚，就像仓鼠一样，在仓鼠轮上耗尽自己的能量，直到这样的旋转把他们推入不可知的境地。

> 放慢脚步，好事就会发生。

除了这句话，没有其他任何方式可以表达清楚这个意思：有意识地带着文化敏感性前进的人，身上有一种真正的美。即使有繁忙的、让人疯狂的工作限制，但当他们看到同事在为某个客户、某个项目或者某个目标而努力，或者当他们更细心地、清楚地意识到同事的婚姻或家庭出现问题时，他们会主动提供帮助或成为倾听者。立志成为商界的一项资产，立志成为超越职业定位的人，会让我们在工作中获得伟大的名声，更不用说能成为一个伟大的人了。要想做到这一点，必须将忍受每一天的生活变为享受每一天的生活，并且每天早上更勇敢地努力从床上爬起来。这个目标会让你在工作中脱颖而出，想一想：我今天能鼓励谁？我可以让谁笑，或者我可以给谁带杯咖啡？谁需要我的帮助？或者谁需要我的倾听？正如我之前所提到过的，小事情会产生大影响。为什么呢？原因是（画重点），没有人这么做。因为每个人都像仓鼠一样，直直地盯着前方，忙着在仓鼠轮上甩尾巴跑步，不被任何事情打扰，努力达到最快的速度。

不要做一只仓鼠。

今天就有意识地行动，

给别人一些关注，为别人带去一些惊喜吧。

20.
偶尔去墓地旅行，可以给我们带来生机活力

现在，作为一个品牌，你承载着一定数量的情感包袱。我们每个人在任何时候都会携带一些情感包袱。但你在工作中的目标是带着这些包袱轻盈、敏捷地前行，去到任何地方，而不是让这些包袱拖慢你的脚步。你的包袱可能是今天发生的某件事、最近发生的某件事，或者是一系列事情长时间积累起来的结果。

情绪包袱是生活本身的结果，在任何时候，我们都可能背负着几盎司[①]或者几吨重的包袱，所有这些东西的重量都会影响我们的成功，以及他人对我们的体验。自满、表现不佳、生活混乱、灾难性事件的发生、人际关系破裂和事业失败之类的事情不断积累。有些是我们自己造成的，而有些是我们无法选择的。包袱可能在任何地方产生，最终成为我们个人品牌中最重要的一部分——我们本身。

存在感是当我们与他人在一起时，当我们进入他人的空间

① 重量单位，1盎司=28.3495克。

时，或者当我们与一屋子的人在一起时，他们对我们的存在的感受。我们无法回避存在感的属性，存在感与我们形影不离，它会影响每一次谈话、每一个会议、每一次演讲和每一次面试的结果。因为它会影响一切，所以控制我们的情绪包袱和我们的存在角色是我们对他人情绪影响的关键。

我们说的话有多大的影响力，往往取决于我们说话时的态度。

不久前，我遇到我的一个朋友，他是全国最好的商务指导师之一。当时我正处于职业生涯的一个瓶颈阶段，不确定接下来该做什么，并且意识到自己在这个阶段已经待了好几年。情绪包袱就像是一幅又厚又湿的帘幕一样笼罩着我，我每天都能感觉到它的存在，和我一起工作和生活的其他人也能感受到。我跟我的朋友简单地说了些当时发生的事情，然后我们列出了一些在我的生活和职业生涯中没有起作用的东西，如态度、信仰、事件、行为和人际关系。然后他对我说了一番话，我当时认为是我听过的最奇怪的话：

我想让你写一份更完整、更详细的清单，写完之后打印一份，然后带一把小铲子去墓地，将它们揉成一团然后埋起来。记住，不是挖个小坑埋起来，而是要挖个很深很深的大坑，将它们深埋起来，这样你才能记住你埋了它们。这些东西应该深埋地下，不应该存在于现实生活中。

结果证明，这是一个令人印象非常深刻的实践。因此，在接下来的一周里，当我指导一个在职业生涯中，在精神方面、情感方面，以及人际关系方面积累了一些包袱的年轻人时，我告诉他去做同样的事情。当他做完之后，这个年轻人给我发了一封邮件：

你好，迪安：

我写这封邮件只是为了告诉你，我做了我承诺会去做的墓地实践。我不确定会发生什么，但这件事改变了我的生活。我很高兴你让我相信我必须这么做！

> 大脑就像一个硬盘，删除一些旧的无用的文件，可以释放一些内存，为你创建的新文件腾出空间。

无论是去墓地埋掉清单，还是把清单扔进壁炉烧掉，用一些实际行动处理这些情绪包袱，而不是让它们继续干扰你的思维，影响你的存在感。这个想法很特别，不幸的是，重新思考这些包袱，并且做些小的调整，并不能一劳永逸地解决这些包袱。无论你采取什么仪式丢掉包袱，如果你愿意的话，可以时不时地尝试做一下。

如果象征性仪式（不论尝试的是哪种仪式）带给你的帮助仍

然解决不了你正在经历的情感包袱，那么我建议你去寻求帮助，让别人帮你解决那些让你无法拥有你想要的存在感和品牌的问题，而且越早越好。我们都有自己的问题，当我们处理了沉重的包袱之后，它就变成了轻便的行李，让我们能够去新的地方旅行，与陌生人制造新的体验，并促进更好的结果。

今天把没用的东西写下来，然后埋起来！

21.
运用百分比来衡量我们的生活

我一个朋友曾经告诉我说，生活中的一切都是由百分比反映出来的。我不同意他的说法，于是，他问我："老实说，你有多确定？"我想得越久就越觉得自己只有80%的把握。这让我想到我年轻的时候，那时我以为自己什么都知道，那时的我真是99.9%的天真；当我开始创业的时候，我有75%的把握我能成功；当一个项目失败的时候，我通常又会觉得只有60%的把握能成功；当因为超速被警察拦下来时，我说了大概95%的实话，但还是拿到了罚单。想想任何一个动词，如执行、关心、工作、感觉、尝试、说话、思考、承诺等，想想我们是否在用一种不知名的方式欺骗自己，让自己相信我们在100%的时间里，都在倾尽全力地做这些事情。在我们的职业生涯中，有时候我们会捍卫自己在100%努力的立场，就好像我们的生命依存于此一样。

请记住：尽管我们对自己的表现持有偏见，但我们周围的人、团队和部门不会被我们的表现愚弄。他们只会给我们的努力评一个较低的百分比，而这相当准确，大概就是几个百分比。但我们不应该总是依赖别人来衡量我们的潜力，我们应该承担起责任，通过密切地注意自己对工作付出的百分比来了解我们对工作的投入程度。

> 我们在工作中的真实表现并不足以吓到我们，而应该担心和恐惧的是，我们忽略了我们在工作中真正做了些什么。

我们在生活中要对自己诚实，比如承认“我被炒鱿鱼了，因为我在工作中只付出了50%的努力”或“我没有加薪，因为我付出的努力一直在75%的程度上徘徊”，这才是真正成长的开始。“我一直都是100%的神话”是一种完美的假设，没有多余的空间让我们去思考我们该如何改进，如何变得成熟、变得对周围的人更有价值，如何才能更有成就感。这种假设造成一种错觉，它忽视了我们作为不完美的人类，可以从容面对渐进式成长的事实。尽管我们不完美，但我们一直在成长、学习，并且了解自己的进步。

进步一点点，让今天的体验更丰富。

22.
良好的睡眠对于你的工作和个人品牌至关重要

在我的职业生涯中，作为几家公司的首席执行官，我曾听说过，当有人在项目上没有达到标准时，或者在做报告时缺乏活力、结果不佳时，当然还有上班迟到时，都会把睡眠不好当作借口。我自己也曾经把它当作借口，但这并不能改变一个事实，那就是我们有责任获得良好的睡眠，然后精力充沛地回到工作中。保持良好的睡眠对一个人的成功至关重要。

> 良好的工作表现有助于我们晚上睡个好觉，良好的睡眠有助于我们在工作中表现得更好。

睡眠时间是一段有趣的时间，在这段时间里，心灵之门会开启，而一天当中的其他时间都不会像这段时间这样。当我们的身体归于平静，所有一切都静止时，我们的大脑会加速进入一个迷宫，迷宫中有各种各样的发明、各种各样的担忧和疑问。但这不是思考这些问题的理想时间，因为我们的大脑太累了，无法进行这样的“战斗”。我为此挣扎过很多年，直到我最终意识到，睡觉时间不是“战斗”的时间或地点。思考这些问题是没有意义的，睡觉时间应该用来放下包袱和睡觉。事实上，我确实需要休息，而白天才是我解决生活中的问题，进行思考、计划、筹划下一步动作的时候。如果需要的话，我还可以在白天咨询其他人。只要说出晚上是我休息的时间，我就放弃挣扎了。我开始相信，如果晚上能睡个好觉，第二天我的效率会更高。

在安静的地方休息，才能获得好的精力、清晰的思维和健康的生活表现，而在不安的环境里，我们是无法获得这些的。我们有权休息，因为我们都清楚，睡个好觉，我们明天所需要的一切才会更容易得到。在我们的一生中大约有33%的时间都是在睡觉，所以在我们躺上床，头靠着枕头睡觉之前，认真努力地学习如何思考和行动才是最有意义的。这样我们才能在第二天的工作中表现出色，不打哈欠了。

允许自己今晚休息一下，

明天早上醒来就会是一个全新的自己。

23.
学会用心倾听

如果你想成为公司或组织中值得信任、尊重和欣赏的品牌，就要学会仔细倾听。在本书中，我将从几个角度分别讨论关于倾听的问题，因为它是最关键的业务技能。但专注的倾听总是危若累卵，这种倾听能够使我们的理解能力、智力和工作效率在商业环境中达到一个新的水平。我们的思维总是在努力试图跟上节奏，管理我们生活工作中的所有活动，结果我们三心二意地聆听，错过了部分重要的对话内容。而这些内容正是形成见解所必须的内容，最终这种魂不守舍的倾听阻碍了我们的进步，使我们的个人品牌重新回到起点。

我们尊重别人，就应该认真倾听别人，这样在谈话的过程中，我们才能成为优化交流的资源，而不是阻碍交流的障碍。如果我们在交流的过程中突然中断，就会产生一种情感空虚感，这种结果是可以预测到的，但我们竟然还是会这么做，真是难以想象。而我们这样做是因为我们更重视自己，更重视自己的需要和希望，而不是说话的人。这样的行事方式就没有办法在一段关系中建立我们的个人品牌，也没有办法在一般情况下建立一段关系。正好相反，这绝对是一种能够迅速摧毁品牌和关系的糟糕方式。

当我们专心倾听时，我们表现出了尊重，表现出了丰富的情感，人际关系立刻就建立起来了。我们会发现被倾听者的脸上会出现一种表情，被倾听者会有一种被尊重的感觉。当别人知道我们正尊重他们的话语和时间时，我们会从他们那里得到最好的交流结果，他们反过来也会尊重我们的时间和话语。

这不是说，我们必须听那些没完没了的唠叨，我们可以根据自己的需求掌控对话的方向和持续的时间。如果有人喜欢滔滔不绝，那就留出时间告诉他们，你想要什么样的沟通方式，你想要什么性质的交流。有些人注重谈话的细节，并从中获益，而另一些人只需要知道底线。如果沟通有崩溃的危险，我们有责任说出对我们最有效的方式。事实上，有意识的倾听是一件非常有趣的事情。当别人说话时，全神贯注地听，你会非常满意因此而慢慢获得的社交才华。即使是那些全神贯注地专注于谈话的人在房间的另一头，也会发现在房间的这一头有一个很棒的倾听者。

> 当你放慢脚步，真正倾听的时候，你会发现这才是智慧。

以下是关于倾听的最纯粹的定义：

- 倾听是专注的眼神接触——体现尊重。

- 倾听是听、思考、默想听到的每一句话——体现智慧。
- 倾听是听出字里行间透露出的对方不方便直接说出口的隐藏含义——体现洞察力。
- 倾听不是随波逐流，而是要保持步调一致，耐心地等待对方说完，然后再开口说话——体现才智。
- 倾听是要求澄清和获得理解（“我听到你说的是……”或者“还有什么都告诉我”）——体现好奇心。
- 倾听不是思考你接下来要说什么，而是回应你所听到的话——体现高效。
- 倾听是认可对方不同的成长经历和不同的影响，需要以一种适合他们的方式与他们进行交流——体现感知力。

这是一段关系的开始，也是你提升品牌的加速器。顺便说一句，如果你无法做到以上所有的话，那么你就没有倾听，或者说只听到了一部分信息。

听觉是感官的功能；倾听是全身心的付出。

今天用心倾听。

24.
将困难视为条件，将障碍视为机会

你在工作关系中遇到的每一次挫折或逆境，都会以各种不同的方式让你成长。我们的工作场所往往是让人紧张的地方，同时又是充满活力的地方。这里有不同的人，拥有不同的文化和背景、不同的个性和怪癖。这些也可能会给人际关系带来挑战，会是噩梦的源泉，或者，也可以是一个大好的机会。但是，我们处理这些问题的方式、时间和地点的不同会让其结果有天壤之别。在你工作和生活的所有计划中，有一个特征能使你的个人品牌资产具有吸引力，那就是你是否有能力处理好一段困难的关系，并将其转化为观点一致且彼此慎重对待的和谐关系。相比之下，那些选择让冲突继续恶化的人只会延长痛苦，或把关系带入一种混乱的状态，最终迫使人不得不离开。这样一来，你就有一半的可能会被赶下台，原因很简单，因为你和你的搭档都不愿意想办法解决冲突。

> 平静不在于没有困难，而在于接受你所知道的有价值的困难。

在我的视频代理公司诚实实验室（VeracityColab），我们的核心价值观之一就是“像水牛一样冲入暴风雨中”。一方面，因为当暴风雨来临的时候，大多数动物都会逃离暴风雨，即使如此，暴风雨也会跟随它们。另一方面，野牛的“水牛脑”会选择直接一头冲进风暴中。野牛们知道，它们这样做的话，风暴很快就会过去，去追逐其他动物。它们的行为也许会在暴风雨结束后，在即将到来的干旱和舒适的环境里，为其他动物增添一点怨恨和欢笑声。公司关系的崩溃也是如此，如果我们立即采取措施，通过打电话来讨论并解决问题，补救这种导致崩溃的问题，风暴很快就会过去，而不是积累痛苦和怨恨。

> 推迟解决一段破裂的关系，并不能解决问题。

世上没有“放之四海而皆准”的和解公式，但我发现，在我经历过的每一段关系中，如果出现了问题，我要么是造成问题的原因，要么是促使问题发生的原因，要么是允许问题发生的原因。不管怎样，我走近桌子时多少承认了自己在这场混乱中扮演的角色。如果我把问题的发生说成是双方共同造成的问题，并且让对方知道我想要解决它，通常会为对方创造一个安全的空间，对方也会想要做同样的事情。即使他们不承认他们的错误，你承认自己在冲突中所扮演的角色有错误，也会为他们创造出一个更值得信任的环境，让他们在恰当的时间了解到关于他们自己在崩溃的关系中所扮演的角色情况——尤其是当你的目的是改善关系，而不仅仅是为了占据正确的地位时。

一段关系，先经历紧张冲突，再经历和解，最终会比那些没有任何经历的关系更持久、更有益。当消极情绪根深蒂固，不正常的行为还再持续时，问题就会恶化。

同事之间出现问题了吗？今天就和解吧，让自己成为和解和进步的品牌。

25.
重设思想，为生活树立信心

你有没有注意到在每个工作日结束的时候，你的精神货币是如何被消耗掉的？到了夜晚，你说的话会逐渐减少，最后只说非说不可的几句，而你无论怎样努力，想要把思想集中起来，都是徒劳无益的。第二天早上醒来，很快你就会发现你的精神银行账户又快满了，为什么我们的大脑能量下降得如此之快？其中一个原因是，我们的头脑中经常会出现一些十分常见的关于基本事物自我毁灭的故事：会议进行得有多糟糕？演示会失败吗？我与他们有关系吗？我足够好吗？我能得到这笔生意吗？这是正确的方法吗？他们喜欢我吗？这些自我施加的、人为制造的对自我心理上的攻击问题在于，每一个消极的想法都会让我们失去宝贵的脑力资本。

> 创造一个糟糕的结果比准备一个伟大的结果需要耗费好几倍的脑力。

重新设计我们的思想生活，为我们的生活树立新的信心，这个过程从数学开始：发明策略、整合计划、提出积极的观点或态度，做到以上这些所花的时间，要比让一个不守纪律的头脑制造的垃圾成倍增加所花的时间少。神经通路（就像沟槽一样）根据我们所拥有的思想在我们的大脑中形成，我们沿着同一条线路想得越多，沟槽就越深，而思维的流动就越一致，无论是积极的还是消极的。

以下我说的话听起来可能有些幼稚，但当那些你不愿去想，不希望存在的想法进入你的脑海时，安静地接受它们，然后说：“别那么快溜走，在你离开之前，我们先聊一聊。”这是改变我们与自己对话的过程，是一种实用的战术。它将为排满工作任务的紧张的一天提供足够的精神宽度，而不会在一天快接近尾声的时候让你感觉精力不济，令人失望。你的思维是一种微妙的东西，当它应该为你服务的时候，却只会让你失去勇气，让你晕头转向。

抓住一些想法，并在今天重新设计它们。

26.
不要依赖过去的成功

坦白时间：我一直依赖于过去的成功，认为它们会为我的未来添砖加瓦。实际上，当我幻想着在巡航控制系统上工作和生活时，发现它们所起的作用只会产生一种不安全感，这种不安全感需要被追逐、被寻求，然而生活并非如此。事实是，这种异想天开的模式扼杀了我的动力，削弱了我的资产负债表，并让我明白，与通过努力工作和当前时刻的清晰愿景所获得的价值相比，过去的成功所带来的价值显得苍白无比。

> 任何依赖于已成为历史的成功的女性都应该接受“历史切除术”。任何依赖于过去的成功的男性都应该接受“过去切除术”。抱歉，我情不自禁。☺

好消息是，我基于过去成功的模式改变了现实，“下一个是什么”胜过“一周中的任何一天是什么”。我并没有等待电话响，而是努力让它响，然后它就响了。承认这样的事情是令人尴尬的，但如果我能让其他人免受职业生涯的阻碍、情感上的沉重打击，无论是一时、一季，还是十年，那就随它去吧。当我们工作的时候，保持一种节奏，并努力完成我们承诺今天要做的事情，而不管昨天发生了什么，这样做是有道理的。

今天让过去成为过去吧！

27.
简洁的艺术

在如今这个信息饱和的世界里充斥着太多词汇，冗长似乎更有生命力而且好用，而简洁似乎成了一门意味着失去的艺术。

> 在商业交流领域，“简洁（brevity）”到底意味着什么呢？

简洁（brev · i · ty：[*brev-i-tee*]），名词。标准定义：用更少的字词表达更多的意思。

简洁——作者重新定义：

1.既不是更强硬的沟通原则，也不是更长的沟通原则，而是更聪明的沟通原则。

2.用速度代替赘言，是沟通与激怒的区别。

3.卓越、智慧和能力的明确指标。

4.人们想要的是什么，欣赏的是什么，回应的是什么。

5.这是当今唯一真正有效的沟通方式。

6.一种以书面或者口头方式明确以人为本的、改善沟通的方式。

明白我们的个人品牌是我们与他人之间的情感联系，我们就有机会做一些让人们内心感觉更好的事情，结果也会更有成效。衡量一个人对其周围的人有多关心的一个指标，就体现在他们与这些人的沟通有多清晰、多简洁。这是“我们知道你很忙，所以这是底线”的方法。那些在沟通中遵循简洁原则的人，被认为是冗长啰唆的沟通中的一股新鲜空气。沟通的主要目的是激发、说服和指导，如果今天人们明白了这一点，我们会看到更多有针对性的内容，更多有价值的内容，人们也会更加频繁地阅读各种材料。越来越多的人会选择直接沟通，直截了当的沟通不会逐渐减少。

> 如果比赛说服别人阅读你想让别人读的东西，说得越少的人通常会获胜。

无论我们是否认为自己是作家，我们在商业中如何写作都是非常重要的。当人们阅读一封电子邮件、一份内部备忘录、一篇文章、一篇博客或一篇演讲时，如果这些文章能直奔主题，读者就会获得这样一种印象：这些文章的作者聪明、善于表达、体贴、直率。相反，当读者遇到长篇大论但忽略简洁问题的内容时，就会产生挫折感、压力和沮丧感，他们也许会想“哦，又是他们”。

更有效的写作方式是建立在以下基础上的：更加简洁的写作将促使人们更好地进行思考，压缩所有的内容。这是必须接受的挑战，是一门伟大的学科。找出你需要表达的最关键、最吸引人、最真实的观点，并且只关注这些内容，这是基于简洁的沟通基础。

在书面交流中，字数越少越好。写得越好，字数越少。

从结构上看，你想表达的主要信息应该清楚地显现在标题、副标题、浮动引文或标注中。人们就像扫描仪，如果他们通过阅读杰出的作品获得价值，他们就会深入调查细节。如果没有价值，就没有读者。例如，当人们拿起一本《有效思考》的书，一般来说，他们会查看页面上的一些标题，并阅读一些突出显示的标注。如果他们喜欢他们看到的内容，他们就会试着继续阅读这本书；如果大标题没有抓住读者的心，书就会留在书架上，里面支撑大标题的内容也永远不会被读者读到。人们首先关注的是显而易见的内容，因此，任何书面沟通的目标都应该是通过标题、副标题及支撑内容的视觉效果或标注来传达价值或要点。如果这些信息很吸引人，那么你吸引人们探知更多信息的机会就会成倍增加，人们会喜欢你的信息。

如果主题合适，并且知道受众的接受能力，那么写一份长文案也并不是一件坏事。当我们的目标是引导想要深入阅读某一主题的特定受众，或者向想要深入阅读某一主题的特定受众进行销售时，全面的文案就会受到欢迎。但请记住，这绝对不是让你进行没有感情的写作的借口：如果你简洁地传达信息，你将能够很好地帮助改变接收信息者的生活。白皮书、书籍、电子书和软文等文字工具可以提供更多与细节相关的、更具有煽动性的事实的细节。

举个例子，如果有一个人没有看到有车向他开过来，你举着个牌子，上面可以写“停下来还是死亡”，或者是“非常抱歉，好心的先生，你能抽出一点时间吗？我想趁着这个机会告诉你有一……”然后，砰！！！你还没说完那一篇长篇大论，那个人就被撞死了，这样你就会支持这场使用简洁的文字进行表达的革命了。如果你在交际中战略性地减少你使用的词汇量，你就会有更多的时间，从每一个与你接触的人那里获得更多的注意力，从而提高效率。

今天用更少的话表达更多的意思。

28.
利用工作之余，去做一些喜欢的事情

我们除了工作，还会做些别的事情，如业余爱好、情感和业余活动。不是因为它们能带给我们什么，而是因为它们能将我们塑造成什么。我们每个人至少都有一件很久之前就想做的事，像写作、艺术创作、徒步旅行、健身、阅读或者建造什么东西之类的目标。它们经常被搁置、推迟或在久置之下日渐消退，这些物品上积起了很厚的灰尘，厚得看不见原来的样子。现在看看你的日程表，时间不够了呀！或者，时间不够，是吗？快速浏览一下你的日程表上的事情所占用的时间，你就会发现这些事情正在剥夺你的时间，让你无法做一些更有意义的事情。你知道的，就是那些你一直想做的事情，那些你心里明白，只要你努力去做，就会非常擅长的事情。

电视是对心灵发射的炭疽飞弹，对头脑注射的普鲁卡因麻醉剂，对身体加入的安定，对精神施加的砒霜。

如果你花点时间从生命的终点往前设计你的生活，你就会发现你只剩那么点时间了。快速研究一下剩下的时间，可以让你看看目前的时间分配情况，以及你需要重新安排时间的紧急程度。但是，前提是你要仔细观察。

我曾经认为我拥有世界上所有的时间，但在写这本书的时候，我的生命只剩下三十五年或者四十五年了。当我意识到这一点时，我就想与自己进行一次对话，我想重新创作我的艺术作品，我已经有几十年没碰过它了，这段时间我当然是把最新最伟大的电视剧当作对我生活的一个明显的“补充”。哈！现在对我来说，看电视的时间变少了，取而代之的是更多创作的时间，这是一个很容易的转变，尤其是当我迈开大步开始行动之后。做自己喜欢的事情的真正价值在于，它会让你对工作和生活有更多的看法。它让你的大脑休息片刻，为你补充能量，让你得到平衡，给你更大的快乐。这样你就能更轻松、精力更充沛地应付工作中的各种要求。

用“你喜欢的那件事”

代替你今天绝不会错过的东西。

29.
我们的线下个人品牌与线上个人品牌同样重要

最近，我接到一位企业家的电话，他因抱怨了下自己的表现能力，就被人恶意挂在了一个著名的网站上。我得对这个网站名称进行保密，但它和“HELP”这个词很押韵。尽管他在别人发帖之前想要解决那个问题，但那一次的网络谩骂最终变成了一大堆财务问题、人际关系问题和情感问题。我另一位朋友告诉我，他们参与了一场官司（并打赢了这场官司），但这场官司最后被放在了网上，这让他损失了当时本可获得的收入和可以长期合作的重要机会。无论是评论网站、博客文章，还是社交渠道评论，或者一篇在线文章，都会影响我们的个人品牌。我们会因为一个小小的插曲，而损失更多业务、失去工作或晋升的机会，甚至可能会破产。一旦对我们有害的评论、有辱人格的内容，以及与我们的个人品牌相关的负面评论出现在网络上，出现以上恶性后果的可能性就会增加。而让可能性降低的方法必定是乏味的，需要付出情感精力，并且很昂贵。

网络上出现一次关于你的负面信息，就像在你额头上留下了一个烙印，写着："我是一个风险因子！"

以下是考虑你的线上个人品牌时，需要思考的几个关键问题：

1. 首先，在网络上全面搜索一下"你"的信息，深入阅读你搜索出来的网页、文本、视频和图片。看看都有些什么内容，这样你才能初步了解你在网络上的个人品牌。一次简单的搜索可以让你安心，设置提醒，每三个月一次，以便及时检查更新情况。

2. 承认以下事实：将你的现状展现在你的朋友圈里，无疑是呆板无用的，更不用说是危险的。你的行为无异于赌博，因为这些行为可能会在网络上引起反响，为了保护自己，你不仅要完成你承诺要完成的工作，还要超越别人对你的期望，一路创造惊喜。惊喜越来越多，正面的帖子数量也会越来越多。

3. 当你在一段关系或一个项目中遇到问题时，不要等着别人来解决，你应该迅速主动处理这件事，就像火烧眉毛一样尽快解决它，并让这件事有个好的结局。人们通常会在最激烈的时候发帖，过后他们有时候也会后悔自己言论中的敌意，但到那个时候再挽回可能就太晚了。期待任何形式的业务问题都能自行迎刃而解是一种糟糕的策略，尤其是考虑到它们可能会损害你的声誉。如果（当某些时候）有人在网络上投诉你时，你需要有一个合适的方案解决它。作为第一步措施，你可以联系发布文章的人，并试图解决这个问题，如果你能努力解决这个问题，他们可能会自行修改或者删除文章。

4. 最后，要清楚你在网络上发布了什么，你在网络上看到了什么，你在网络上联系的人是谁。雇主和专业人士都在使用社交渠道作为他们审查和面试过程的一部分。因此你在网络上建立的个人品牌与你在线下建立的个人品牌同等重要。我认识几位人力资源的高管，听说社交场合的表现往往比面试过程更能反映一个人的情况。很多时候，决定一个人能否得到这份工作，取决于面试官在网络上看到的内容，包括正面的和负面的内容。

> 我想象有一天，输入一个信用卡账号，然后点击“获得报告”，就能知道你访问的每一个网站，你发布的每一篇文章，或者别人发布的每一篇关于你的文章。

随着社会的发展，能够跟踪、测量和以其他创新的方式收集公司和个人信息的技术也在不断进步。大众将能够更容易地获得关于我们的习惯和活动的更详细的资料，我觉得这是一种非常令人不安的现实情况，而在做一些调查的过程中，人们能够通过付费订阅和在线服务获得的东西已经让人们感到十分紧张不安了。

最好的行动总是防御性的。你如何为与你共事的人提供服务，如何为你的上司或客户提供服务，如何处理投诉，如何履行承诺，如何管理你的社交渠道，这些都是构成你在网上和线下声誉的基础，也是可以预见到的将潜在品牌受损概率降至最低的唯一途径。

今天，在网上搜索与你的网络品牌相关的信息，

思考并制订计划。

30.
让你的时间更有价值

我一个朋友在达拉斯（Dallas）机场拍了一张我第一本书《改变你的思维》的照片，然后发了一封电子邮件给我，说我“有一个很好的合作伙伴”，我的书就放在戴夫·拉姆齐（Dave Ramsey）[1]的新书旁边。我确实有很好的伙伴，而且我相信我的书的销售情况也会因此受影响。这让我开始思考一些问题，我们与谁有联系，我们如何与他们交往，以及我们与他们交往的价值在哪里。常言道，我们的成长往往取决于我们读的书、我们遇到的人和我们做出的选择。至于我们选择与之共度时光的人或者不选择这个人，都会有几个变量影响我们是否会因为这些重要的选择而成长。

首先，把时间花在与你在思想和道德上都能产生共鸣的人身上，即那些与你有着相同的激情、精力和愿望的人。这些人不必是和你从事相同职业的人（尽管职业相同助益匪浅），他们只需

① 国际辛迪加线电台理财栏目主持人，全美最受信赖的理财和管理大师。

和你在一个层次。这样在交谈的时候，你就能跟他们进行交流，集思广益，分享对你的生活有帮助的想法。从每次沟通交流中获得的情感资本会让你更有成就感、更有活力、更有方向感，更不用说你还能从这些会面中获得一些额外的价值，比如机会、人脉等。

其次，动动身子，与那些你认为可能太忙而没有空闲的思想领袖或导师见见面。成功人士之所以成功，是因为他们能够管理时间，如果你虚心地向他们求助，请他们吃一顿“免费”的午餐或喝一杯咖啡，他们就有时间与你会面。我曾经向完全陌生的人寻求建议，他的生意规模比我的企业大20倍，但他仍然没有拒绝我。现在回想起这件事情，我仍然会感到惊讶，但这确实发生了。人们通常喜欢帮助别人，与他们的对话是无价的，有时对话过后还能建立起一段关系。

再次，当你有其他紧迫的事情需要做或者当你即将实现目标时，而与他人的会面不是那么紧急，这时说“不”是很有价值的（对你的时间和精力是必不可少的）。在生活中，有时候我们有时间和精力，有时候我们没有时间和精力。当你没有时间和精力的时候，拒绝那些在关键时刻起不了作用的会面。当我的时间有限时，如果有人打电话给我说：“嘿，我们见面吧，见面聊一聊。”这个时候，我通常会说：“我们现在说吧，告诉我发生什么事了？”然后我们就会继续聊，我不用出门见他就得到了最新的消息。这样节省了时间，我就有更多的时间来做其他需要做的事情了。如果别人坚决要求一定要见面说，我通常会说：“在

（我的临界时间）之后再找我吧，我们把这个时间写在日程表上定下来。”大多数时候，他们不会再找我。所以简而言之，通过这样做，你可以发现这件事是否真的很重要。

> 我们与他人在一起的时候，我们的意图将决定我们从这段关系中获得的价值，和我们对他人所具有的价值。

然后，谈话内容要有所不同。我曾经在一次会议上听到诗人大卫·怀特（David Whyte）说：“一次勇敢的对话应该与你刚刚说过的话不同，也应该与你以前说过很多次的话不同。”当你和别人见面时，给自己一个挑战，不要重复谈话的内容。尽管在这些对话中，我们说的话听起来非常好，但它们很少反映出“当前的我们”，也没有反映出成长中的我们，重复的对话会让我们陷入重复的谈话循环中，即使我们已经听烦了。

最后，花几分钟的时间思考一下，如何为你要见的人增加价值。考虑一下他们的生活、环境和职业，你会想出各种形式的联系、各种形式的鼓励或对话，从而影响他们。付出小小的思考就会有很大的收获。

盘点一下和你交好的人有哪些，

然后在今天的名单上再增添几位大人物吧。

31.
提高沟通能力，让听众与你产生共鸣

提高沟通能力，包括口头的和书面的，都是一个重大的进步。在职业生涯的某一时刻，你的听众在某些情况下会突然变得越来越多。因此，在面对一群人或一位听众讲话时，提高你的沟通能力，使听众与你讲的话产生更多的共鸣，它是你目前和未来获得成功的重要工具之一。当我们把这件事做好的时候，也会获得很多乐趣。但是，“把事情做好”意味着什么呢？

想想那些你听过但没有留下深刻印象的演讲，那些演讲者讲得很得体，但缺乏真实性，而且似乎更多的是在走过场。虽然他们是在用语言表达他们的意思，但在说那些话的时候，他们的思想已经脱节，语言背后的意思早已被抛到九霄云外了。就好像演讲者在演讲的过程中丢失了自己的内心和灵魂一样，这种情况如今是很常见的。

凡是经历过这种“走过场”式的演讲、谈话或讲话的人，没有人愿意再经历第二次。因为我们完全可以听一个仿人形的磁带录音机播放，而不需要坐在下面听，像被囚禁在座位上一样不得自由。

最近，我听了一位演讲者的演讲，他是一位出版过作品的作家兼首席执行官，他的公司拥有6万名员工。我几乎可以肯定，他有如此成就，那么他在工作中一定表现得很真实，他的行事方法一定有很强的目的性，他的演讲一定充满激情，所以我很期待他的演讲。在他演讲之前，一位来自中国台湾的中年男子用方言讲述了他成功的故事，大概讲了10分钟。观众们被他的故事吸引住了，欢呼起来，听了他的故事之后，特别是了解到他的内心之后，观众们很感激他的分享，很庆幸听了他的故事。随后，这位首席执行官站了起来，发表了一场面糊似的、断断续续的讲话，这场讲话持续了45分钟，感觉就像是在吃一块寡淡无味的蛋糕。除了因为他试图讲些笑话来打破寂静，观众们出于怜悯偶尔发出的一些笑声之外，整场几乎一片寂静。我不知道他们付了多少钱来请他讲话，但我知道，除了我们进入场馆的门票之外，我们还付出了时间的代价来听他的演讲。

事实上，在公开演讲中，虚假的口才和经过练习的润色正在慢慢消亡，数据回流和过于圆滑的表达也是一样。无论何时，明智的人会注意到，当我们说话时，人们不一定会被感动，也不会仅仅因为我们说了什么或说得多好而获得什么有价值的东西。我们创造的价值大多来自我们分享的方式，这关系到我们内心深处的态度，关系到我们有多在乎我们面前的人，也关系到我们为讲话准备得有多充分。我们有多真诚，以及我们想要与听众建立怎样的联系，这所有的一切都将为我们分享的话注入生命力。

有说服力和影响力的演讲者的共同之处：

- 在听众的内心和思想中植入他们献身的事业。
- 不会太在意他们的评语是否很快会揭示什么，而会更关注改变生活和创造进步。
- 更愿意冒险，更愿意挑战听众，因为他们更关心听众的成长，而不是更愿意待在安逸的环境里。
- 减少对表演和娱乐的依赖，并随时准备介入行不通的事情当中，以展示有用的东西。
- 给人一种沟通或交流的感觉，而不是自说自话，是在与你交谈，而不是对着你说话。

那些全心全意为我们服务的交流者有一种特别的地方。以吉米·法伦（Jimmy Fallon）为例，他是我所见过的最可爱的脱口秀广播主持人之一。他重视那些他为之服务的听众，他清楚地知道自己的目标是什么；他也知道自己将在这个过程中扮演什么样的角色，因此，无论是否准确无误，他的天赋总是会显现在每次节目中。

今天，为了服务他人而说话，

然后观察他们有什么样的反应。

32.
道歉不能偷工减料，任何非正式的道歉都是压迫

除非你是完美的，否则在工作生活中，你经常需要向别人道歉。不管是违背了一个承诺，还是没有实现别人的期望，背叛了别人，说了伤人的话，甚至轻微的疏忽，以及我们没有做到我们以为是无关紧要的小事，都需要我们向别人道歉。我们不是完美的。当我们时不时地出现问题时，大多数人都会表现得和蔼可亲，因为他们知道自己的问题迟早也会出现。但是，当我们面对别人的道歉，没有像别人期待的那样谨慎严肃地对待时，我们就是在给别人伤口上撒盐，给别人的伤害再添一层侮辱的外衣，这是让人无法忍受的。用一种正确的方式、一种尊重对方的方式与他人和解，这种方式最终会让事情变得如同桥下的水一样平静无波。相比之下，有些道歉的方式会让场面变得暗涛汹涌，局势变得紧张不安，最后在某个时刻导致堤坝断裂，造成更大的灾难性的破坏。

> 我们最接近完美的时候，不是没有问题发生的时候，而是在问题发生之后，我们处理问题的时候。

道歉：当你给别人的生活带来悲伤时，不要只是简单地说一句“对不起”。“对不起”有时候也包含了轻蔑和压迫的语气，因此我们需要用更有力的语言来表达。你必须掌握一些基本的语言表达，比如“你能原谅我吗”。正如你所知，“对不起”可以不带任何感情地说出口，也无法表现出你的严肃，而请求原谅则会为你想要获得的和解定下你需要的基调。道歉通常是一种单方面的沟通，可以随意地进行，甚至会带有恶意地进行，并且没有给对方释放其不满情绪的机会，让对方得到真正的解脱。请求原谅需要我们在真诚的话语中表现出谦卑的态度，这是一种双方参与的、真正走向和解的双向的交流。请求原谅会在改善一切的过程中表现出真实和透明的态度。

永远不要轻视你给他人带来的影响，不管这种影响的程度多小。一个人对发生的事情的经验就是他们的经历，对他们来说，这是无比真实的。你不能因为自己没有像他们那样经历某件事，无法体会他们的感受，就认为那件事对他们来说也是无关紧要的。我们所有人都是不同的个体，我们（作为个人）认为自己处理伤害或愤怒的方式是唯一有效的方式，这种想法既无知又傲慢。把发生的问题看得微不足道，会马上导致我们走向一条单行道、一条死胡同。即使不沿着那条路走下去，生意就够难做的了，而沿着那条路走下去，生意将会更加难做。

想要道歉有一个好结果，甚至一个新的开始，就要先做好准备，想象一下如果你自己是受害者的话，你会有什么感觉。诚实地告诉自己答案，在受害者的位置上多感受一会儿。很快你就会发现，在那一刻，站在当时的你的对面，是毫无乐趣可言的。拥有一点同理心会让你走得更远。

> 用悲伤作为抱歉的借口来道歉，本身就是一个让人伤心的理由。

为了避免未来发生类似的问题，你需要知道好奇心与冲突不是最好的朋友。事实上，你不可能在保持愤怒的同时保持好奇：这在生理上是不可能发生的。如果你和某人的关系有点模糊或者不那么明朗，那么在和解的过程中，你可以问问对方，为什么你的冒犯会对他产生那么大的影响。对这个问题始终保持好奇，你可能会学到一些新的东西，从而完善你的个人品牌。一旦你理解了别人痛苦背后的原因，就能更容易地改变未来的行为，避免与他们及其他人再次发生冲突。这有助于我们找到那些重要的盲点，这些盲点会隐藏起来，损害我们的个人品牌。在某些情况下，甚至可能会隐藏几十年。

最后，在和解之后的一两天里再次见个面，然后简单地问一句："我们没事了吧？有没有什么没解决的问题需要我们处理一下？"这个行为表明你很在意对方，也透露了你事后的想法。这个行为最终在破裂关系的边缘钉上了一颗钉子，让问题不再出现在这段关系中，使它在黑暗中消亡。

你可能需要为某件事道歉，如果确实需要，

那么今天就带着谨慎和严肃的态度去做吧。

33.
写推荐信的五个关键

你有没有收到过一个无处可去的人的推荐信，但是这个人之后也没有来问进展，从此杳无音信？你有没有收到一封推荐信，但是你的公司不需要招人，也无法提供合作的空间，甚至什么机会都无法提供，那该怎么办？你有没有收到过一封推荐信，刚好你的公司需要招人，但由于重要信息没有事先讲清楚，导致在短时间内就很快结束了。这是很令人沮丧的事情，更不用说还浪费了时间和精力。不幸的是，许多人把商业推荐信看作一大堆名称的堆积或者是一个简短的介绍。“嘿，莎拉（Sarah），认识一下鲍勃（Bob）。鲍勃做……（我认为）你们认识一下对你有好处。”

当涉及建立关系时，我们经常会遗忘一件事，那就是每次我们提供有缺陷的推荐信时，我们都会失去一些个人品牌的价值和信誉。由于对双方的情况缺乏具体的了解，包括基本情况、明显应该说明的细节，以及他们所处的状况，导致被介绍的双方经常会说：“你到底在想什么？”

结合一下之前的考虑，然后再评估下个阶段。

以下是写推荐信时需要考虑的五个关键问题：

1. 你是否在推荐信中说明了你的联系人需要知道的具体详细的信息，包括价格、时间、期望、要求等，这样他们就知道自己要面对什么了。

2. 你是否在把写好的推荐信交给你的联系人之前，就将信中的内容详细地向你的联系人进行了说明，以便你的联系人能够在收到推荐信之前决定是否合适？只要一些基本信息就够了。

3. 你是否非常肯定，毫无疑问地确定，并且经过证实，你推荐的那个人能够有很出色的表现？如果不确定的话，这对相关的每个人来说都是一场赌博。

4. 你有没有考虑过双方是不是能够和睦相处并且合作愉快？性格和技能水平与推荐是否成功有很大相关性。

5. 你有没有以你自己的方式告诉双方，你很重视与他们的关系，如果每个人都能得到礼貌、尊重和专业的对待，你会很感激？虽然这是假设的情况，但我从不遗漏这一点假设。

每次推荐的质量与我们提供的细节信息的详细程度和水平成正比。罗列一大堆名称不是推荐。

今天想想你将把别人介绍给谁。

34.
言行不一（InCONsistency）会一直损害你的个人品牌

请注意这个单词中的“con”，它是欺骗的意思。现在想象一下，当你周围的人答应做某件事，最后却并没有做时，你是否会有被欺骗了的感觉。尽管在商界，人们非常重视行动、动作和向前发展，但企业的预测、行动和势头总是一致的，而不是断断续续的或者表现得像昙花一现。人们喜欢一个人偶尔做出巨大的成就，但如果缺乏连贯性，任何一个人，不管是多么出色的一个人，通常都会被贴上“火花”的标签，并且很可能会拖累公司，影响公司多年的努力。

> 言行不一始终是行不通的。

你经常会听见别人说并且自己也经常会说这样一句话：“只要告诉我实话就行了。告诉我你能做什么，然后去做；如果你做不到，就跟我说。”这句话揭示了生活、工作、家庭，以及其他任何地方的生活规律。它告诉人们三件至关重要的事情：清楚什么是真实的，对即将发生的事情保持平静的心态，以及让他们有更大的能力履行自己的承诺。这是对我们的个人品牌声誉的准确反映，也是衡量我们是否会被邀请加入下一个领域、事件、活动的衡量指标，否则我们会因为言行不一致而被人抛之脑后。

永远不要拿你的品牌冒险，

今天坚持保持言行一致吧。☺

35.
改变思考模式，让挑战成为机会

尽管我们思想上的条件反射行为每天都会发生数百次，但我们通常不会认真思考自己思想上的条件反射行为——当我们在工作中遇到困难，发生了不确定的事件、情况或者对话的时候，我们立即就会产生的想法。这种思想上的条件反射行为存在于我们的脑海中，随时产生作用，并且倾向于让自己陷入一种重复的模式。这种模式在任何情况下都会产生深远的影响，它们类似于这样的情况：当某种事件发生时，我通常或者总是这样感觉、这样思考或这样行动。问题是，你的模式是增强了你的地位，还是削弱、破坏了你的地位呢？你的模式是让你把问题当成一种收获还是当成一种痛苦？当你的工作变得紧张时，你会感到兴奋吗？花时间调整你思想上的条件反射行为，是让你以正确的观点创造出最好的事态，推动最有成效的行为的最快方法。

当你在经商的过程中遇到死胡同，你是会感到害怕，还是想解决的办法呢？后者当然更好。

波士顿爱乐乐团（Boston Philharmonic）的老师和指挥本杰明·赞德（Benjamin Zander）曾经说过，我们在生活中创造出的问题或障碍，以及我们在生活中遇到的问题或障碍，都不需要立即去削弱或解决。它们可能会非常迷人，这点毫无疑问。他接着说，用好奇的眼光看待逆境，将会发现巨大的机会，而放弃可以减少最大的挑战，不管是来自我们自身，还是别人带来的，无论大小。当你能抓住眼前这个困境时，就会创造出更大的精神能力去探索而不是悲伤，反之就用放弃来保护你。

我们可以选择将逆境当作一件吸引人的事情，而不是加剧恶化它。在我的第一本书《改变你的思维》中，我将“加剧恶化”这个词调整为“增加”。我特别强调“增加”这个词，因为当我们选择将挡路的墙视为进步的台阶，将尝试当作收获时，我们的行为为我们增加的价值比任何书、任何疗法、任何研讨会或任何其他工具为我们增加的价值都要大。但是，这确实需要我们用乐观和勇气来取代我们思想上的条件反射产生的怀疑或恐惧。

密切关注你的默认行为，

今天把挑战看作吸引人的事情。

36.
为演讲做好准备

无论你处于什么职位，都不可避免需要准备演讲和发表演讲。当时机到来时，你的表现方式就是一个平台，它可以让你的个人品牌真正获得更大的吸引力，也可以让你的个人品牌倒退几个档次。

如果你是以销售人员的身份向一家公司做报告，最好的做法是，在做报告之前，彻底地调查你要见的公司和你的竞争对手。这样你表达的意思就能和他们的想法保持一致，自信地面对真实的情况。你会建立同理心和亲和力，也会获得他们的信任，这会让你的个人品牌比下一位演讲者更加闪亮。此外，详细确定那家公司有哪些需求条件未满足，而你的整个演讲过程都要以满足这些需求条件为基础。事先询问客户对会议有哪些确切的期望，以及他们想要什么样的体验，是一次重要会面的关键任务。如果你提供的东西比他们需要的东西多得多，那么先确切地说明以他们需要你来提供的东西为重点，然后再展示更大的图景。

良好的展示能力，能够调动人们的互动、参与、接受、追随和倡导，这是个人品牌的最大价值。

如果在向个人（在公司内部或外部）进行展示之前，提前知道所有将出席会议的与会者的信息，有助于提高会议质量。你可以通过领英（LinkedIn）、脸书（Facebook）、拼趣（Pinterest）和其他社交渠道了解他们的个性、商业风格和爱好，了解他们参加了哪些俱乐部和协会，以及他们相互之间的联系，等等。这样，你在做展示陈述之外，还可以说些与其相关的话题，从而建立个人关系。这些事情会让人们真正欣赏你，知道别人喜欢你之后，你就会在展示陈述的时候建立起极大的自信和从容。

下一步，在你到达房间之前，先了解一下房间的设置。虽然你可以发邮件询问这些信息，但我更喜欢打电话询问房间里的实际情况。这样，当你到达房间之后，你就可以全身心地投入对话当中，并清楚地知道你将会经历什么。有一次，我的意思是仅有一次，那次我们犯了一个错误，我们准备了一个非常全面的报告，但是做不了，因为房间里的设备没法使用。此外，扪心自问是否能够早点去为会议做准备，因为你在与设备做技术斗争，在分发资料的时候，入会者会目不转睛地盯着你，而你心里会想你为什么一开始没早点来，这个时候你会知道没有什么比这更糟的情况了。

另外，还要测试你的演示文稿，至少进行一两次演练。正如我们团队中的一名成员所说：“先练习，再演练，然后排练。”

或许能有普普通通的表现，那还是最好的情况。测试运行你的演示文稿可以减少你会议前的压力，还可以让你和你的团队集中精力，团结一致。这样做还可以让你有时间了解会议的节奏、会议中站立的姿势和会议中的感觉。在练习的过程中，有许多演示文稿中不需要的元素会被重构或者丢弃，从而形成更集中、更直接的演示文稿。如果你知道你会丢弃多少，你一定会感到惊讶。演示文稿就像一台机器，添加任何一点不必要的部件都会损坏机器。运行测试你的演示文稿还可能帮助你了解到客户可能会问到的问题，并让你提前准备好正确的答案。相信我，客户知道你有没有做准备，以及准备得好不好，不要试图临场发挥。

为了让整个房间里的人立即进入状态，可以回顾一下你早些时候收到的对方的期望，寻求他们的确认，然后询问他们有没有其他问题想要在会议上讨论。这个举动表明了你当前的关切，这也会让你平静下来，因为你的会议目标将会明确下来，也能让与会者感到安心。因为他们知道你会解决他们的具体需求，而不会偏离到其他议程上去。你将能够把房间里的人的注意力集中到他们认为重要或相关的事情上，如果你的演讲文稿中有80%与核心需求直接相关，那么你的演讲就可以说是做得非常出色了。如果你的演讲文稿全部都与之相关，那么你通常会赢得整个房间里所有人的喝彩。

今天为演讲做准备，

然后欣赏那拥有辉煌结果的时刻。

37.
虚心受教会让你学到更多

“无所不知”这句话有一点确实非常有趣，它实际上是对的，因为我们对我们知道的一切无所不知。然而，尽管如此，我仍然无法为集体诉讼官司进行辩护，也许我可以，但我可能会输。我无法填补牙洞，好吧，也许我可以，但反反复复填补牙洞的事情我不愿意再做了。我也无法及时修好一块根本没坏的表。坦率地说，我甚至几乎无法在吃掉一些阿司匹林之后看着说明书组装一棵假的圣诞树。

关于坚持我们无所不知（或者坚持我们知道很多）的观点，有一点是非常可悲的，那就是我们因此错过了许多学习身边人拥有的知识的机会。所以，一个无所不知的人的性格，从关系上来说，剥夺了其他人以自己的方式参与到我们的生活中，用他们的才华与我们交流的潜能。每个人都有自己独特的才华。而我们仍然受制于我们自己拥有的知识、吸取的经验和体验过的经历，这使得我们的个人品牌价值有些单一。在很多情况下，这可能会使我们的个人品牌价值局限于自己的学习和价值拓展领域范围内。

很多年前，我的一个朋友告诉过我一个叫“柯问”[①]的组织。这是一个由12到15位首席执行官组成的每月聚会，他们将在场外举行全天会议，通过他们的知识、反馈、联系和鼓励相互支持对方。听完之后，我被深深吸引了，但加入他们需要投入一笔巨大的资金和大把的时间，尽管如此，我还是决定试一试。

在加入柯问大约六个月之后，我发现了一些显而易见的事情。首先，我以为这些人是博学多闻、见多识广的，然而，他们并不是。我逐渐发现的第二件事情是，我们都在为彼此增加价值。在很多方面，我们都需要对方通过不同的视角来看待事物，这让我们对事物看得更准确。不管我为这个组织投入了多少资本，基于上述价值，都只能算是很小的投资了。我还发现了一个我之前从未考虑过的隐藏的价值，那就是，在这个过程中，我学习到了一些自己在生活中永远学不到的东西。现在，我可以通过咨询、建议、写作和演讲的方式将这些见解传授给他人。我后来加入了一个更小的5人责任小组，他们由一流的工作人员组成，专门交流我们的精神生活。我还加入了一个夫妻小组，也是由一流的工作人员组成的，专门针对我们的婚姻生活进行沟通。我加入这些团体很多年了，虽然我可能会时不时地请个假，但最终，我还是会回去，因为这个团体的价值是巨大的，而独自一人的岛屿是一个孤独的地方。

① Convene，意思是聚会、召集、聚集、集会。此处为音译。

想当年，我们的一个供应商，名叫杰里·利维（Jerry Levy），跟我和我的商业伙伴说："如果你们能够把头脑加在一起，也许能创造出一个超级大脑，想出好主意。"我们都笑了，当然，我们同意这个观点。谢谢你，杰里。

在加入或组建团队时，有几点需要考虑清楚。你需要找到一些有明确目标，并且与你的目标保持一致的人。如果从你的行业中找到一些具有不同专业技能的人，这对你是有帮助的。这样你们就可以互补，而不会显得多余。或者，如果需要一个团队来完善某个特定的工艺，那么技能相似的人在一起显然也是一种优势资源。同时，也要考虑到那些聚集到一起的人的性格。那些致力于过程的人，那些会站出来的人，那些无论是在团体内部还是外部，时刻保持专注并且将100%的精力投入这个过程和这个关系中的人，才是你想要的人。

当你为了反馈意见和知识开发这样的特定目的而与别人集合在一起的时候，你会给自己贴上开放、好奇、虚心受教这样的标签，表现出愿意倾听，愿意接受反馈意见的态度。最关键的是，你愿意按照分享过的内容采取行动。坦率地说，当别人冒着风险贡献出他们的知识，我们同意了他们的说法之后，却没有按照我们学到的那样去做，这对他们是一种侮辱。

今天可以考虑聚集许多伟大的头脑

来获得一个天才的大脑。

38.
不管怎样努力都无法收回说出的任何一个字

我们的工作生活都是由字组成的：电话上的字，咖啡机旁边的字，路道旁的字，会议上的字，矛盾中的字。字，字，许多许多字。其中有一些字我们很高兴我们说出口了，而另一些字我们希望能吞回去，当作没说出来。我们所说的字，无论是在工作中还是在人际关系上，都可以帮助我们打造一个更好的个人品牌。同样的道理，或者说更重要的，是那些我们没有说出口的话。

> 有时候，我们说话的速度太快，而我们的洞察力和思想跟不上节奏，会落后几拍，落后的几拍被称为愚蠢的节拍。

几年前，我妻子对我说了一些话，改变了我的生活，使我的生活变得更好——除了结婚时说的“我愿意”之外，她说：“迪安，我从别人那里听到，也看到了很多，我知道你和别人真的很不一样。你有一种独特的看待事情的方式，独特的分享事物的方式，这些都能改变人们的境况，改善人们的生活。但我相信，如果你能在做这些的时候克制一点，效果会更好。”我立即明白了她的意思，说道：“还有什么话，都告诉我吧。”她接着说，每当她看到我快速地解决一个问题的时候，我的工作效率大约只有70%，而且有时候连70%都没有。那样的时刻，我也不喜欢，事实上，没有人喜欢。但是她说，每当她看到我表现出克制、耐心地等待让话题展开，而不是在话题刚刚展开就过早地介入时，我的效率会很高。因为在我说话的时候，我的心态正确，心情很好，因此人们也更容易愉快地接受我的意见。

我们都经历过这样的时刻：当场面非常安静的时候，我们会觉得不舒服，似乎有一种莫名的压力，让我们想要用言语来打破沉默。我自己就经历过无数次这样的时刻，我肯定以后还会经历这样的时刻。这其实是一个很好的机会，可以让你克制自己，慢慢思考清楚再谨慎地开口说话，同时可以让你周围的人有说话的机会。我注意到，自从我开始克制以后，其他人有更多的机会把他们的聪明才智带到谈判桌上来，因为我的嘴巴是闭着的，这就给了他们一个开口说话的机会。在团队环境中，这一点显得尤其重要，因为有时候我们可能会倾向于非此即彼的两极分化状态，从而错过了充分利用房间里所有人拥有的智慧的机会。

伤人的话就像锋利的回旋镖，明白我的意思吗？既伤人又伤己。

当然，在发生冲突的时候，克制就有了全新的含义。当我们生气的时候，对人际关系的洞察力和敏感度会落后于我们说的话很远。在我们打个喷嚏的短短时间里，我们口中说出的话就可能会毁掉一座桥梁，而这座桥梁很可能在未来的某个时间是我们需要经过的一座桥梁。让我们面对现实：有时候，我们只是为了争一时之气而对一个人进行言语攻击，以为愤怒会神奇地转化为进展。但是，大多数时候，愤怒只会转化为倒退，让你比发生冲突之前更被动。这对一段关系来说是糟糕的，对生意来说也是糟糕的，当然，对你的个人品牌更不好。

自我控制是我们送给别人的礼物，即使他们不值得拥有。但是，更重要的是，这是我们给自己的一份礼物。每一次自我控制或自我克制的练习，都会使我们成为一个更有毅力、更有决心的人。在日常生活中，几乎可以成为我们受到攻击或冒犯时的防弹衣。

今天，在说话的时候练习克制和自我控制，

看看会发生什么。

39.
你是否在以错误的方式跟对的人说话

前面我们已经讨论了沟通中需要克制的问题，现在我们来讨论一下如何恰当地进行沟通。这将是你学到的最强大的工具之一，它可以让你说出口的语言更有效力。

大约二十年前，我偶然走进了一个课题会议，会议上讲的是“跟正确的人说正确的话。一段关于人格类型的旅程，以及它们为什么重要”。我没有报名参加这个课程，但是，当我问前面的女士是否还有空位的时候，她允许我不付钱就进入，这让我感到非常惊讶。我当时并不知道这将是我一生中对我的职业生涯影响最大的专题研讨会之一。在这次会议上，我学到了很多，比如，在我们说的所有话中，无论我们的话有多么精彩，或者我们认为这些话是多么的令人信服，但如果我们说话的方式不能与我们谈话的对象产生共鸣，那么我们的言论将毫无价值，最终将导致结果与我们想要的相去甚远。我开始思考我在职业生涯中所处的位置，我在销售额中所占的百分比。在人们花钱购买我的战略、创造性的解决方案和想法时，我取得了多大的成功，然后我想到：

“嘿，是时候开始试验了。”

> 我们必须信守我们说的话，拥抱我们说的话中包含的力量，从精练的话语中看到它们的价值，并将我们的全部融入每一个字中。在很多方面，我们说的话就代表了我们。

随着我的公司发展得越来越大，客户变得越来越多，每一次演讲或者陈述会上的人数都要比以往任何时候多。这些人拥有更多不同的人格类型、更多不同的背景、更多不同的经历，以及更多的偏见。但他们并不知道，我已经从之前听过的人格课程中获得了足够的智慧。我的第一次演讲中，房间里有好几个人，包括首席执行官（负责“底线是什么”的控制型人格），首席财务官（主管“投资回报是多少和我为什么要在这个上面花钱”的分析型人格），销售和营销副总裁（思考“如何让我成为英雄，如何让我的工作更容易”的促进型人格），还有运营副总裁（“实现所有这些需要什么，我要做什么才行”的支持型人格），房间里的所有人都有一个完全相同的目标：壮大公司。但他们每个人都有各自的动机和需求，他们每个人都需要从各自的角度去理解为什么这很重要，为什么我们是正确的选择。于是我就这样开始了。

我首先注意到，当时却没有意识到的是，我把房间里的每个人都当作独立的个体来称呼。而之前，我都是以广播的形式对着整个房间的人讲话。通过这种方式，我和房间里的每个人都形成了一种前所未有的联系，而且这种联系是自然而然形成的，不是被迫的，也不是人为的。他们不停地点头，他们的思想与我的思想慢慢融合在一起，他们很感激我能够把他们每个人各自的现实情况和每个人想要完成的事情联系起来。曾经的广播节目变成了一系列亲密的对话，观众因此可以参与互动，我分享的东西也因此被接受。我不知道结果会是这样，但最终结果就是，这是我做过的最好的演讲。

除此之外，我不仅仅给公司带来了希望，还给每个人带来了希望，与他们建立起了信任关系，并且重视房间里的每个人。我告诉首席执行官，如果他们用我们的代理机构对他们有什么好处，底线会在哪里；我告诉首席财务官，他们花的钱永远不会比我们为公司挣的钱多；我告诉销售和营销副总裁，他们的营销工作将会变得更加高效有力；我告诉运营副总裁，公司的品牌会得到提升，这样他们就会有更多的资源去做更多的事情，购买更多的设备。这就像是一个激光的传送系统，将房间里的所有人联系在一起，结果呢？我的成交率提高了，我的联系能力、亲和力和销售能力都有了奇迹般的提升。我的个人品牌从一个“善于推销的人”变成了一个“他们想与之做生意的人（甚至喜欢的人）”，任何时候我都愿意选择后者。

> 不加思考的沟通是一种含糊不清、没有共鸣的表达，最终会导致人们产生恼怒的情绪。

除了销售演示外，还有日常的工作互动，在这些互动中，我们不是在推销，而是在进行解释、交谈、授权、训斥、证明、传达消息、鼓励，以及所有其他形式的演讲。同样的原理在此处也适用，你越重视自己做事的方式，越讲究策略，你就越了解你的谈话对象，你的进步就越大，你的人际关系也就越有价值。

虽然我极力推荐，但你可能不会选择接受个性风格这种艺术和科学的教育，也不会选择学习与每种个性风格交流的方式。但是，即使你没有接受教育，你也有一种简单容易的方法去了解别人喜欢什么样的沟通方式，那就是谦卑地去问。一般来说，当我们没有很好的沟通方法时，我们会感觉到无法与人沟通，我们会有这样的意识。当我们意识到这一点之后，就跟他们明说，承认我们可能没有沟通好，并询问他们我们如何才能用最好的沟通交流方式做到这三点：显示出我们的关心，展现出我们之间的承诺，使今后的交流更高效。

如果你面对某些人，觉得不好意思询问他们，问不出口，或者你觉得询问别人如何看待你的沟通方法很难为情，或者碰巧觉得在某种环境下与人相处很不自在，那么你只需要想一想你们在沟通之后会发生什么，就能知道你刚刚说了什么，以及别人听到了什么。他们的面部表情告诉了你什么？你说出的话是会激发出别人更多的灵感和更多的话题，还是会让对话最后变得平淡无奇，归于沉默，让人只能茫然地盯着你？你有没有发现其他人在寻找一种方法，从上一个话题过渡到另一个话题？有许多迹象需要我们去仔细寻找，我们应该时刻关注我们所看到的，因为它会使我们说的话变得更加精练。

伟大的个人品牌永远不会站在受害者的立场上说：“他们不听我的。”他们只会说：“也许我没能用一种行之有效的方式与人沟通交流。”他们还会做出更勇敢的行为，那就是他们可能会承认自己需要学习如何更好地进行沟通。沟通是一种可以立即改变的财富。如果我们一直在以某种特定的方式进行沟通，一种没有经过仔细思考的方式，那么，从现在开始，我们可以更加有意识、有策略地与同事沟通，把这种好的沟通方式作为礼物送给对方。

今天，记住你在和谁说话，

想想如何才能更有效地与他们产生共鸣。

40.
用“每个人都是赢家”的心态面对工作和生活

每个人都是赢家，这种观点不意味着每个人都能拿到奖杯，没有人输，也不是胆小怕事没有主见，或者立场正确的官话。只是这种观点并非生活的原貌，我绝不会把它当作一种毫无根据的胡言乱语而加以宣扬。生活以及生活中所有的起起伏伏，都需要通过失败这件事来磨砺我们，让我们成熟，变得有力量，所以这也是它存在的价值。但是，对于“每个人都是赢家”这个观点，我有一个不同的看法，值得在专业的氛围中进行探讨，因为这应该是每个人在工作中许下的个人承诺的核心原则之一。

> 面对那些正面临挑战或者正要设定目标的人，我最喜欢问的一个问题是：“那么在你心目中，怎么样才算是胜利呢？”然后，我就能帮助他们实现他们的目标。

几年前，我与一家增长速度最快的500强公司合作，从他们的使命、愿景和核心价值观出发，为他们打造属于他们的品牌。

这是一家创新公司，在他们的领域里做着伟大的事业，人们认为他们公司是找工作的首选之地。这位首席执行官相当标新立异，这一点从他挂在大堂的抽着雪茄模拟天父的画像就可以看出来。当我们第一次见面时，我们不知道在见面结束之后，彼此是找到了一个新客户，还是会遭受打击，但我们在相处过程中都感觉很好，他也不像我想象的那么暴力。

当我介绍公司的使命、愿景和核心价值观的时候，首先与大家分享了一些我听说过的关于他如何在商业生活中帮助他人的事情。我让他想起了他曾经说过的一句话：公司里的每个人都是公司成长和成功的利益相关者。我还分享了他的感受，他认为他的候选人、合作伙伴和供应商联盟都非常重要，也为公司的成功做出了贡献，他们都受到了超乎寻常的尊重和赞赏。最后，我分享了他说过的话，他认为不断电系统和联邦快递的司机也和员工、供应商一样，为公司做出了贡献。然后，我点开了我的演示幻灯片，主题用一句话概括：每个人都是赢家。他笑了。然后我接着说，使命就是我们早上醒来，起床去工作。“每个人都是赢家”的理念不仅仅适用于工作中，也可以表现在生活中的任何方面，我们的主张是让它成为一个值得延续的使命，让它为我们创造一个值得拥有的未来。

今天确保每个人都是赢家。

41.
做最真实的自己，为自己减少负担

在美国企业界，人们每天总爱滔滔不绝地说着各种各样的谎言，从微妙的背离事实的小谎言，到用来掩盖事实真相的彻头彻尾的大谎言。他们用这些谎言让自己看起来更好，也用这些来控制自己，或者用来推卸责任，等等。然而，在任何不诚实的沟通中存在的责任都是重大的：一个谎言就能让我们从几层高的梯子上摔下来，或让我们在一天结束后把东西装进纸板箱打包走人。从很多方面来说，谎言就像是胆固醇对心脏的影响一样，偶尔放纵一下似乎没有什么大不了的，但积累到一定的程度就会成为巨大负担。

> 伟大的品牌会说真话，而且是全部的真话，并且只说真话。

当一个人考虑是否要在一家公司工作时，驱使他们做出决定的原因之一，是他们能否信任共事的人。与是否能与他人建立信任关系的价值相比，金钱、福利、名誉及其他许多因素都显得苍白无力。如果缺乏信任，甚至被怀疑缺乏信任，人们就会失去一个吸引人的机会。在企业文化中，信任是非常重要的品质之一。很明显，当我们在公司工作的时候，我们自然而然地会有一种与同志“深入战壕”的感觉。每天在商场上与那些原本就存在的挑战做斗争，还与其他现实做斗争。这个时候，我们就会希望信任存在，这样我们就可以依靠团队的力量进行战斗。

但此时内部和外部都有责任，一旦有人因为撒谎而污染了工作场所，他们的任期就真的结束了。他们的职业道路走到尽头的原因，并不仅仅是因为被抓包或被解雇，而是因为真相和赤裸裸的谎言之间会生出来一些东西，这些东西会慢慢毒害我们的个人品牌，直到我们再也无法从我们的个人品牌当中获得满足感为止。尽管谎言、隐瞒实情和夸大其词可能会对我们的同事、团队及工作产生不好的影响，但它们对我们的精神、信心和心态造成的损害更加严重。它们给人们蒙上了一层阴影，当别人在面对它们的时候，会在心里想：“我只是不确定我能不能信任他们”，而我们会对自己说：“那不是我真正想成为的人。”这是一个注定失败的命题。

我的经验告诉了我这一点，因为作为一名20多岁的年轻销售主管，我过去常常喜欢“把事情四舍五入到最夸张的程度”。如果我在推销我的公司，那么在讨论员工数量的时候，我会说我有30个员工，尽管事实上我只有26个；如果我们每年的收入是870万，我会告诉人们我们的年收入是1000万；如果我们通过我们的营销努力让一家公司从他们的领域中进入前18名，我会把结果四舍五入说成进入了前10名。因为我害怕自己做得不够好，所以我从来都不愿意说出绝对的真相，也不愿意接受真相可能带来的后果，我也从来没有对自己感到满意过。我不相信真相有什么用，然而我对自己的伤害，比我带给别人的伤害大得多，因为我没能让自己活在真相和清白之中。当我开始分享事情本来面目的时候，那一刻才是我生命中最自由的时刻之一。

偏离真实会让我们成为精神上的怀疑论者和心灵上的侦探。

我怀疑很多读者都是彻头彻尾的骗子，但根据情境调整我们所知的真相会损害我们的名誉，破坏我们在工作和生活中的成就感。无论是忽略一个数字，还是不说出我们的信念，或者是掩盖我们的缺陷，所有这些偏离真实的事情积累起来，除了给我们增加莫须有的负担，增加我们的压力，以及分离我们的人际关系之外，没有半点好处。

今天，以及以后的每一天

都让自己生活在真实的世界当中吧。

42.
获得好名声的最快方法，就是记住对方的名字

在我们的工作环境里，在我们的市场环境及社会环境里，有很多方法可以提升我们的品牌。但是，如果有一种方法可以对我们的品牌产生更直接、更全面的影响，尤其是在新建立的关系当中，那这个方法就是记住别人的名字。

我不知道为什么，当我们记住别人的名字的时候，别人会非常惊讶，并且会高度尊重我们。在我的书《改变你的思维》中，我提到了这个问题。我之所以在这里又提到这个问题，是因为如果不提这个问题，我就没有办法写出一本关于我们个人品牌的专业书。记住别人的名字，在情感、人际关系上，甚至经济上存在着许多优势，因此需要我们重新审视和扩展这个问题。直到今天，当我刚刚认识的人直接称呼我的名字的时候，或者在他们把我介绍给别人认识，用我的名字称呼我的时候，或者在分别的时候说："很高兴认识了你，迪安。"我总是会给这些人的个人品牌加上一些分数。我的第一反应不是认为这些人善于记住别人的名字，相反，我铭记的是他们对我的关心和陪伴使他们记住并使

用了我的名字，这让我很感激，也给我留下了深刻的印象。

和我讨论这个话题的人，大多数都会告诉我，他们“不擅长记名字”，但这个借口根本站不住脚。这个借口只是一种脱口而出的自动反应，因为说出真相会让人很不舒服。而真相往往是这样的：对不起，我对你并不是很关心，也没有花太多精力去记住你的名字。

当有人再告诉我他们不擅长记名字的时候，我就会说：“想想看，你想记住就能记住，这是你的选择，这还取决于你的利害关系，你是很擅长的。”我接着问他们：“如果有100万美元在等着你，还是税后的，装在一个行李袋里，你只要记住刚刚介绍给你认识的人的名字，你就能得到这些钱，你能做到吗？”“能！”他们会说，“我会重复念，把它写下来，保存在我的手机里面，把它文在我的手臂上，不管付出什么代价，我都会想办法记住他们的名字。”事实证明，在“无关紧要”和“100万美元”之间，我们能够清楚地知道自己记住某人名字的优先权和能力。

> 不关心别人的人，也就得不到别人的关心。

就像所有的习惯和学科一样，这项技能也需要专注力，需要练习，需要付出努力并把握分寸来完善它。然而，这门学科的核心是关爱。不知为什么，关爱对提高记忆力有很大帮助，只要你选择关爱，你记住名字的能力就可能从D+[1]上升到B-。如果在关爱之余，你再多付出一点努力，你的记忆力就会成为坚挺的B，这比95%的人类好得多。

我们知道有时候会忘记别人的名字，那么有什么社交礼仪或工具可以用来帮助我们改进记名字的问题呢？当你和一个刚认识的人在一起时，如果你说："很高兴见到你，莎拉。"出于某种原因，他们的名字会在几分钟内突然消失在记忆的深渊里。有一个简单的解决方法，那就是只需要直截了当地问："对不起，我忘记了你的名字，请再告诉我一次，好吗？"当你第二次听到这个名字的时候，你会重新联想到你第一次听到的内容，这样你就能记得更牢。有时候，当一个人告诉了我一个特殊的名字时，而我不记得了，我就会直截了当地问他们："顺便问一下，你的名字是怎么拼写的？"［小提示：这个方法不适用于像鲍勃（Bob）、迈克（Mike）或贝丝（Beth）这样拼写简单的名字］至于说工具，我发现我手机里面的一个基础的笔记应用程序就是做记录、进行分类和查询的好工具，我们可以用这些工具记下人们的名字。如果我们对他们足够关心，那么我们就会为他们的名字特意建立一个系统。这确实是记住人名的好方法。

今天，在网络上查一下"记住别人的名字"，

学习更多关于这个问题的方法。

---

① 美国分数评定以A+、A、A-、B+、B、B-、C+、C、C-、D+、D、D-、E表示，等级逐个降低。

43.
你的职业生涯是“到目前为止”，还是“从现在开始”

我生活中最大的乐趣之一就是让别人相信事情可以瞬间改变。然而在现实中，人们并不总是这样认为。有些人会说，任何实质性的改变都需要时间。但是，我请他们考虑，是不是因为他们为他们所谓的“长期变化的过程”的观点本身进行辩护，从而导致这个观点影响他们，并起作用。之后，我会建议他们采取瞬间改变的观点，他们会因此受益良多。重新思考这件看似不可能发生的事情，它可能会重塑一种疲惫无用的范式，同时也可能会带来一种更有纪律的思想生活，并激发出非凡的潜能。

> 悲伤会向左右无限延伸，而乐观的心态会阻挡它们的延伸。

我们都知道纪律是成功的必要条件，但很少有人知道，纪律这个词来自一个希腊军事术语。它的意思是去掉树枝上的树杈及所有不必要的东西，这样你就可以把树枝打磨成矛，从而用于战斗。在这种情况下，纪律意味着为获得最优功能而去除不需要的障碍。

在我们头脑中发生的战斗也不例外，需要我们摆脱一种不良的思想生活，从而拥有能够孕育出灿烂思想的思想生活。我之所以用孕育这个词，是因为一个聪明的想法会产生出更多聪明的想法，就像一个消极的想法也会增加和复制一样。如果从科学的角度来看，这种影响会更加显而易见。那些一辈子都用消极的思想思考的人，他们的身体会显露出一种“屈服”的状态，如果你用消极的思想思考，你也会如此。用消极思想思考的人的姿势会前倾，肩膀会收缩或下垂，面部会变成皱眉的表情或悲伤的表情，甚至由于有些思想不受控制地转移到消极方面而产生压力和紧张情绪，从而有可能造成一些内部疾病、慢性疾病和病痛。思想的强大之处在于，它可以为你建立和扩展范围，也可以减少和限制你的行为，这主要取决于你如何控制它的走向和势头。

我曾经和一个年轻人交谈，他非常详细地讲述了他遇到的一个挑战，那是他和一个有问题的客户之间发生的问题。他咆哮着说出最后一句：“他们毁了我的生活！”我等他把一切都说出来之后，只说了句：“是啊，也许他们一直在摧毁你的生活……直到现在。”他一脸疑惑，问我是什么意思，我说：“你告诉我的一切都存在于‘直到现在’。让我们花点时间在‘从现在开始’上，看看会有什么可能性发生。”他一进入“从现在开始”的思维模式，可能性就出现了。我甚至都不需要给他下一步的行动提出建议，他自己就想到了下一步行动，把之前的事情都抛在了脑后。

> 变化的魅力在于它是永恒的，它可以发生在任何时间、任何地点、任何场景。

促进快速变化的基础是承认我们可以在几秒到几分钟的时间里调整我们的信仰体系，可以在做决定的瞬间快速地产生变化。这样会给我们的沟通、行为和结果带来显著的转变。

但是，“直到现在”和“从现在开始”的原则的真正价值在于它的实用性。就像心跳一样，它总是在当下起作用。从现在开始，5分钟后、25分钟之后，或者明天下午2点13分，它都会在那里，事实上，它是全天候24小时都开放的，只要去做就能实现。当你把自己的生活和工作全部看作“直到现在一直都是这样”和“从现在开始将会完全不同”时，你就拥有了改变的机会。

“全新的开始”永远不会过时，活在“从现在开始”的日子里，不仅能很好地反映你的品牌，还能给别人带来灵感。

今天大胆自信地“从现在开始”行动吧。

44.

加快学习速度，让你的个人品牌永不落伍

作为一名在各个方面都专业的导师，我有一个非常惊人的发现：我遇到的95%的人都没有在他们的业务领域成为思想领袖的具体计划。一般来说，当我问他们每周投入多少时间和精力来了解更多关于他们的领域、职位、行业趋势和新发现的信息时，他们的回答不可避免地会是“一点点”“不多”或“没有”。他们会继续为他们的答案辩解，说他们是在工作中学习。在工作中学习并不是一件坏事，但这是一件既定的应该做的事……而不应该期望得到更多荣誉——尤其是那些想在自己的职业生涯中出类拔萃的人。

如果我们以潜移默化的速度学习，那么在业务中我们也会以潜移默化的速度成长。如此，我们永远无法为公司带来比其他人更多的额外贡献，因此我们只能安于现状。什么能让我们在公司成为一个突出的品牌？随着时间的推移，能够被人认可，并且能够晋升到更高位置的人，一定是一个将新的成长理念、预防措施、问题解决策略、当前的行业现实、案例研究和更多想法提到

桌面，并获得大家一致认可的人。

> 要进入“谁是谁”的圈子可不是一件容易的事。一旦进入这个圈子，你最好确保自己能跟上“什么是什么”的发展速度。

我可以非常肯定地告诉你，通过坚持不懈地学习，你可以在工作中从一个掌握基本知识的小员工转变成一名思想领袖。目前，思想领袖每周会花费大约5个小时的时间来学习与他们所从事的业务相关的各个方面的知识，以及与之相关的一切。如今，我们拥有如此之多的途径可以获取你所在的业务领域的具体信息，所有无法扩大自己知识库的理由都不复存在。在我们可以通过互联网搜索信息之前，信息也是可以获取的，但你必须付出很大的努力才能获得。如今，只需要输入几个有代表性的单词或短语，然后按一下按键，你就能在网上找到你想要找的内容。这将让你学得更快，也将提高你对他人的价值。你可以在网上看书、看音频文件、看视频、看文章、看博客，还可以在网上与实践者、专家、思想领袖及其他任何类型的人联系。这种搜索的好处是，你可以通过网络订阅更多这类的信息，从而创建一个持续的、集中的信息流。但需要注意的是，如果吸收了不良信息，那么也有可能会散布不良信息。

如今，事物发展的速度是如此之快，以至于当我们学会某个知识的时候，它已经过时了。在当今社会，新信息是真正进步的关键。

有了不断学习的习惯之后，我们就会建立起一种持续的信心和自信。这种自信可以帮助我们调整我们的态度、沟通及我们的存在，同时增加我们在工作中会听到但很少经历的那种快乐。简而言之，学习带给我们的奇妙感受及它给我们带来的勇气，是值得我们付出任何代价去关掉电视，或早起学习一些重要的知识，这绝对是值得的。当我们开始了解我们的工作、我们的公司和我们的行业，在这个过程中，我们的信心会立刻倍增。你带给公司和同事的影响也会增加，这绝对是一个好消息。

今天，在你的工作中开辟出一条道路，

让自己成为思想领袖。

45. 怎样做到感同身受

人们说，在商场中，让我们受伤的是我们不知道的东西，这是对的。但是在人际关系中，是我们对他人的不了解让我们与他人失去联系。

举个例子，我曾经共事过的一位高管，在遇到任何类型的问题时都很难与之相处。作为首席执行官，每当我想要纠正他做的事情时，都会遇到非常大的阻力，以至于我几乎想要放弃他，也就是开除他。我们有一个共同的朋友，当我与朋友交谈时，我说明了这个情况，我希望能从他那里得到一些关于如何最好地处理这段关系的诚实的建议。于是我问他是否知道为什么当我纠正那位高管时，他总是会有这样大的抵触情绪。他告诉了我一些那位高管的经历，这些经历让我明白，如果在一些工作领域纠正他的行为，他的内心会非常容易受到伤害。因此，在和他沟通的过程中，我调整了自己的方式。从此，我们之间的一切都改变了，工作效率提高了，随着我们的成长，压力水平也控制在能够忍受的范围内。

我们不一定拥有洞察人际关系的天赋，但我们可以通过努力调查发现这个天赋。

对人们做一些详细的调查，除了能够帮助你解决问题之外，还能让你从中了解他们的一些背景细节，这将有助于你与他们建立更好的关系。通过各种社交渠道稍稍在网上搜索一下，通常就会发现共同的兴趣、爱好，或者发现一些有趣的、迷人的东西，这些都是建立关系的宝贵财富，甚至在调查的过程中产生一种联系。着重强调这个人不仅仅是一个机器的一部分，他也有自己的生活、人际关系、挑战、爱好、兴趣，以及他贡献的东西，等等。这些使他们从某种抽象的东西或数字变成更有人性的人，只需要简简单单地看一眼他们的生活就可以获得。另外一种更好地了解别人的方法是，邀请他们吃个午饭或者喝杯咖啡，然后进行一次“相互了解”的对话。这种对话应该侧重于了解别人，而不是自我宣传。当我们对别人感兴趣时，别人会非常感激，一旦一段关系提升到一个新的水平，通常就不会回到最初的状态。在职场中，你拥有的优质关系永远不可能足够多，而你只要付出一点点努力，这些关系就会在最明显或者最关键的时刻为你带来价值。

当我们与别人在一个地方共事，却选择不去了解他们，可能很多年以来我们都是这样做的，而我们的关系就会一直很普通。相反，如果我们选择深入了解同事和团队成员，我们就能看到那些人的价值。这些关系有一种特别之处，几乎令人羡慕，那就是只要付出一点小小的努力，就能有大大的收获。

今天就更深入地了解你的某位同事吧。

46.

找到生活与工作的平衡点，不让人生留下遗憾

多年来，我看过许多成功商业人士的访谈视频，他们讲述了自己职业发展的经历、实现目标的过程和从中吸取的教训。他们的进步看起来似乎非常轻松，他们以自信的步调谈论着他们职业生涯中发生的一切。毫无疑问，在这些访谈中，总会问到一些问题，要么是有关家庭的问题，要么是刚刚开始谈论家庭的事情。在这种时候，他们的表情就会从自信和自豪转变成一种深刻的反思，在大多数情况下，还会有一些后悔的表情。几乎在所有的情况下，这些人都会谈论破裂的婚姻、感情疏远或陷入严重麻烦的孩子，或被以某种方式拆散的亲人。通常，这些超级成功的人会因为他们忙于发展事业，或忙于创建公司而忽视家庭的人际关系，最终导致家庭破裂、关系疏远而泪流满面。这就像是一个面试的场景，人们保持清醒冷静，言辞非常诚实，这样出于某种原因的动情表现反而成了这场面试中最令人难忘的部分。

> 后悔成为常态，是因为我们没有从经验中吸取教训。吃一堑长一智才可以减少或者杜绝后悔的事情发生。

尽管家庭对人生的成功是至关重要的，但它也只是成功人士生活中的一个方面，还有其他因素需要考虑，包括个人的信仰、健康或者整体身体素质、社会关系，以及兴趣爱好，所有这些都对健康平衡的工作生活至关重要。如果把以上所有这些领域都画成条形图，而这些条形图代表着与成功的生活息息相关的各种因素。那么你会注意到它们都在持续增长，而且不会是其中一个部分像野草一样疯长，而其他部分在艰难地挣扎着生长。一般来说，当一个区域或一个条形图突出时，其他条形图不只是停止而已，而是在下降。在某些情况下，甚至会完全从图表中消失。例如，你可能认识一个像工作狂一样的人，他赚了数百万美元，却忽视了自己的健康，结果得了严重的心脏病，最终没有机会享受自己创造出来的财富。

忽视生活图表上的各种条形图，可能都会引起各种各样复杂的潜在问题，而且这些问题是无穷无尽的。最好的办法就是能够同时提高所有条形图，使之达到平衡，这样才能使你的生活跟以往一样稳固。否则，就像他们所说的，你会感到对自己的生活很不满，你的生活会失去平衡，就好像自己的脚远离地面，飘浮在空中，而且无法动弹一样，这样你很快就会摔下来。

“一切事物都以同样的速度增长”这个原则是获得真正成功的关键所在。掌控生活中的方方面面，能让你获得一种平静，并从中得到灵感，而不再会感到不知所措。要做到这一点，你必须接受一个事实，即生活中的一切会发展得很缓慢的事实，因为你专注于平衡。但无论是清醒还是沉睡的时候，生活都会给你带来更多的成就和回报，很少会有什么东西因此而毁掉。

要想获得工作和生活的平衡，首先要评估生活的各个方面，并深入挖掘每个方面的表现，再讲究策略、研究情境，最后实现平衡。这种评估通常分为两部分。第一部分是进行自我评估，即“把自己锁在房间里”的练习。在这项练习中，你要思考自己生活中的各个领域，你和其他人正在经历的事情，什么是有效的以及什么是无效的，等等。第二部分是去找那些出现在你的生活中，并反映在你的图表中的不同条形图中的人，问问他们，你和他们在以上各个方面的表现如何。发现问题是第一步，正如本书前面提到的，为了让你和他人能够完全坦诚相待，创造一个舒适的环境。他人的坦诚相告会让你明白哪些条形图需要立即注意，哪些条形图发展态势良好。

今天检查你生活的各个方面是否平衡，

看看各种类别都是如何增长的。

47.
不要在发生冲突时发送邮件

你是否曾经经历过这样的时刻：在你与别人发生冲突最激烈的时候，写了一封电子邮件，然后点击发送按钮。但在发完之后的第三秒钟，你就感到了后悔和压力，或许你还会有一种非常确定的感觉，收到信的人肯定发火了，说不定已经拿什么东西砸向远处的电扇了，然后你会突然想到："啊！糟糕！这是一封信，我没法做出调整，也不能收回，或者点击'撤销'，信已经发出去了。"

我这样做的次数很多，多得我都记不清。作为一名从事广告创作，并且有十五年经验的资深广告家，我可以起草一份非常不错的邮件，不带任何情绪，不夹枪带棒，不挖苦讽刺等。我决定，无论什么时候，只要工作中出现了问题，我都要放弃创造性的书面攻击，而选择开会或者打电话的形式来正面讨论问题。因为冥冥之中我知道，我永远不可能通过电子邮件与人和解，或者用电子邮件改变现状，我更喜欢面对面地交流，或者通过语音交流，学习人际关系的技巧。

> 发生冲突的那一刻，即引发恐惧的那一刻，应该考虑沟通清楚而不是压制别人。叙述问题而不是感情用事、宣泄情绪，给予而不是索取，解释而不是责备，同情而不是审判。

当你写一封与冲突有关的邮件，或写一封阐明自己观点的邮件时，写得好不好并不重要，因为最终解读那封信的权利在收件人手上。当一个人情绪高涨时，他的解读速度就会非常快，结果一般都会很糟糕，最终会造成更多不必要的压力。尽管电子邮件是一种快速的、高效的、实用的与他人沟通的神奇工具，但它也非常危险，在紧张激烈的情况下使用，可能会造成大量过度的解读。

在某个特定的日子里，一段关系会因为一封被误解的或者说有毒的电子邮件而结束。如今，有人或者可能是几十人，会因为一封带有煽动性的电子邮件而被解雇。如今，很多糟糕的事情都是因为单方的书面交流发生的。相反，通过成熟的、双方互动的对话交流，你可以听到对方说的话，看到对方的表情，并做出回应，很多事情会变得更好。

今天，在解决问题时，考虑使用更多的沟通技巧进行面对面的交流，或者通过语音交流，而不是发送危险的电子邮件进行交流。

48.
不仅要在计划中制定目标，还要为实现目标做计划

我认为，如果让人们诚实地说出他们设定了目标最终却没有实现的概率有多高，他们肯定会得出一个很高的概率，我也会得出很高的概率。而没有实现目标的主要原因是，很少有人会针对目标本身制订具体可行的计划。制定目标时，人们大都是非常兴奋、非常激动，并且过度乐观。当然，这一切都是在目标开始之前，而目标开始之后，不可避免的事情就发生了，艰苦的工作开始了，挑战出现了，所有的感觉都发生了巨大的变化。由于没有制订计划，并且没有明确下一步的安排，也没有深思熟虑，当艰苦的工作使我们的动力消耗殆尽时，我们会发生什么变化。目标变得模糊，动机变成了陈词滥调，信心消失在某个未知的地方，结果在不久以后，我们又会设定一个不同的目标，然后不断重复之前发生的一切。一堆未完成的目标实际上会在我们的记忆中根深蒂固，并影响我们的态度，以至于我们认为设定任何目标的想法似乎都是无望的，甚至荒谬的。很不幸，这是事实。

动机是实现目标的有效工具，我将是第一个告诉你这一点的

人。但一个好的目标计划，加上一个坚定的决心，将会使你的动力持久，足够让你最终达到目标。显然，一个目标计划首先需要确定的是细节、时间、资源和工具，以及一些在奋斗过程中可以帮到你的人。然后，虽然很少有人会提及，但你仍然需要有好的体力、充沛的情感、精力，以及承受这个过程的精神力量。你可能还需要调整你的饮食结构、锻炼的时间，或许还需要进行放松训练，因为实现目标不是一件容易的事情，这就是很多目标消失的原因。

我使用的流程是我自己的品牌代理公司建立的流程，那些潜在的客户不愿意在没有测试我们工作的情况下就与我们签署一份大订单。我们并不认为那些想要小试牛刀的客户的行为对我们造成了冒犯，事实上，我们理解他们的立场，对他们的处境感同身受。我们找到了一种可以启动项目、获得动力的方法，并成功地建立起一种长期的、忠诚的关系。这个流程分为四个步骤：

1. 从小处着手。
2. 分阶段快速获胜。
3. 摸着石头过河。
4. 构建可扩展的可能。

没有策略和毅力支撑的梦想和愿景，很快就会变成噩梦和幻想。

那么假设你有一个目标，记住你需要一个参照物，然后开始写一份关于这四个步骤大纲的书面文件：

第一，从小处着手。从小处开始是很重要的，因为目标的本质就是让人们想要通过“咬一大口”来实现它们。事实上，实现一个大目标就是实现很多个制定的小目标和确定的小任务的集合。如果目标设定者愿意将目标分解成小的、可实现的步骤，我会建议他们去设定更大一些的目标。从小处着手的价值在于，你会立即开始行动并获得成功，小的成功会让你产生动力和动机，并且这些动力和动机会非常持久。一次盯住一个非常大的目标，会让我们的灵感戛然而止，让我们感到压力太大，也会使我们停滞不前。

第二，分阶段快速获胜。即字面意思，关键是要采取那些已经计划好的小步骤，确保在你设定的时间表内没有任何事情妨碍你完成它们。分阶段快速获胜的价值在于，它将帮助你始终朝着正确的方向前进，驱使你到达你需要去的地方，让你远离现实世界中不该去的地方，将事情一点一点地完成。分阶段快速获胜有一种独特的好处，你能够很快地清楚自己下一步想要快速获胜的事情有哪些，做哪些事可以让这个流程继续，或者加快进度。此外，这些快速获取的胜利将会让你获得自信，让你对你接下来需要实施的下一个阶段的目标更加乐观，直到最终完成所有目标。

> 为一个目标努力奋斗，重要的不是为了得到什么结果，而是在奋斗过程中，自己会有怎样的改变。

第三，摸着石头过河。这一步骤是在努力奋斗的过程中，对什么是有效的、什么是无效的进行持续评估的过程。我一直相信，成功是衡量你正在做的事情，多做有用的事情，同时不做没用的事情。这看起来很简单，而事实也确实如此，然而唯一有效的度量方法是在计划中设定一些“检验点”，这样你就可以确定什么是有效的，什么是无效的，谁在执行计划，以及你需要什么和不需要什么，等等。这一原则在我熟悉的营销世界中也是正确的。利用时间、金钱和资源的最好的方法就是深入挖掘，把注意力集中到少数几件我们正在努力取得最好结果的事情上，在那些富有成效的事情上疯狂努力。

第四，构建可扩展的可能性。这更多的是坚持一直做好前面三点的结果。从小处着手、分阶段获取成功及衡量评估能够让你调整你所做的事情。这样你就不必强迫自己发展，因为如果你在前三点上很努力，你就会自然而然地发展起来。如果没有前三者的作用，发展对你来说将会是危险的事，对那些与你共事或投资你的人来说，也可能是一件危险的事，因为未来的发展轨迹是基于“最佳猜测”，而不是基于现实。建立在真实现实的基础上将激励几乎所有参与这个过程的人，以及与这个过程相关的事情。因此，随着你的事业规模的扩大，不断地整合小的胜利，不断地衡量，你会看到你的目标变得越来越清晰，你离你的目标越来越接近，实现目标也越来越容易。

今天就为你的目标制定一些流程吧。

49.
如何处理情绪，决定你成为什么样的人

婴儿来到这个世界上时没有太多的情景或背景，所以他们本质上只是感觉驱动的机器，不管他们想要怎么样，他们都会去做。逻辑和基本原理在他们这里没有一点用处，婴儿对生活中哪些东西有用，哪些东西没用也不敏感。他们只是“凭感觉前行”。

这就是为什么当小约翰尼（3岁）的拖拉机被他的弟弟乔伊偷走时，他想要用拖拉机敲打乔伊的头，而且他有时确实这样做了。当然，这么做就会有相应的后果，而这个后果让小约翰尼意识到感情并不是他所能理解的。如果重新想个别的办法把他的玩具拿回来，结果会好得多，那样就不用被送回房间了，而且还拿不回他梦寐以求的拖拉机。

然后，约翰尼长大了，成了一个十几岁的小伙子，并且得到了一份工作。但有一天，他的感觉掌控了他，他不想去上班了，因此他没有去上班。几个小时之后，电话铃响起来了，那是他的老板给他打的电话，问他在哪里。当约翰尼回答说他只是不想去

上班时，他的老板说：“好吧，你不必来了……永远都不必来了，我会把你的支票寄给你。”然后，约翰尼结婚了，但他没有想要对婚姻忠诚的感觉；他找到了一个在公司上班的工作，但不喜欢团队合作的感觉；他当了爸爸，想要去工作，而不是去听小简的独唱会；他想吃什么就会去吃什么，因此体重增加了50磅；他感觉自己在工作中做得“足够好”，不需要做得“更棒”。感觉促使约翰尼几乎在生活的各个方面都陷入了严重的崩溃之中，因为他的感觉掌握了他生活的钥匙，他凭感觉履行对自己和对他人许下的承诺。

> 我们对感觉的评价过高了，所有的感觉本身没有做出任何建设性的贡献，但坦率地说，它们为我们的生活制造了许多困难，设定了很多限制。

想想感觉能够对我们的生活造成多么严重的破坏，有趣的是，我们在多大程度上是把自己的感觉当作我们自己的呢。事实上，我们的感觉不能决定我们是谁，我们永远不应该把感觉和我们的身份联系在一起。如果我们不能认识到这一个事实，那么一切都将由我们的感觉和情绪决定，而不是由我们的决心、创新或者我们创造的东西决定。我不知道为什么会这样，但在人生的某些时刻，我们决定把我们的感觉和我们是谁结合起来。这就像是坐上了人生的过山车，人生中的起起落落不是由选择和承诺决定的，而是由我们最终不可预知的感受决定的。当然，经验和环境使我们有一些感觉并不奇怪，那些感觉使我们想办法应对这些情况，使我们将这些情绪转化为我们是谁的真正核心。所以我们最大的机会是用决定来管理我们的生活，而不是让感觉来决定。这是可能的，但这需要将感觉放在一边，当作第三方，然后选择接受或者忽略感受到的所有感觉。

当你计划在你的职业生涯中实现实质性的目标时，我知道这么说听起来很奇怪，我建议你坐在一个安静的地方，认真严肃地与自己的感觉进行一次“达成协议”的对话。找一个属于你自己的安静场所是非常有必要的，对有些人来说，那是一个门上写着“请勿打扰”标语的房间；对有些人来说，那是海滩边；对其他人来说，那是他们更喜欢的山间。不管怎么说，在这个过程中要找到解决方案，拥有一个可以去的首选空间是至关重要的。

与你自己的想法谈判（顺便说一句，其实你每天都在这样做），把你的情绪放在比承诺更低的位置，这将帮助你决定哪些人和哪些事可以控制你的未来旅程：是有决心的你，还是你的情绪。你可能会觉得这样做很傻，觉得我是个傻瓜，还想要把这本书扔进垃圾桶。但你确实可以考虑选择一个新的角度看待事物，并选择采取一种新的方式控制自己，不让消极情绪对你的愿景、你的目的和你的目标产生任何影响。

想象一下这样一种生活，在这种生活中，感觉不是决定什么事情发生、什么事情不发生的决定性因素。而那些会阻止或者限制你去做你认为重要的事情的感觉，只会在决定谁有决定权的安静谈话中出现。这是一种由我们做出的承诺和许下的约定所驱动的生活，在这种生活里，我们将感觉视为不可预知的负债。

今天，将那些影响你进步的感觉收起来，

把它们放在它们该待的地方。

50.
如何提高领导力

一个领导者必须在一个领导的位置上，有一个指定的头衔，或经营一些事情，比如一个团队、一个部门或者一个分支。很多人都这样认为，但这是一个错误的想法，这与事实相差很远。当然，职位肯定是有的，但领导力更是每个人在他们所处的卓越的环境里做出的承诺，而这种承诺就是“以身作则”，这是最强大的领导形式。我认识一些有职位、有头衔的人，他们无法从套子[①]里走出来，更不用说能够激励别人了。像这样的人往往过于强调自己的头衔，把它当作一面旗帜来挥舞，以此得到别人的认可，人们迟早会发现他们只是装腔作势的人，而非领导者，这只是时间问题。而如果有人以身作则，那就另当别论了。

管理层级是一种用组织结构图表现的东西，但领导力是一种存在于每个人心中的东西。

① 参见俄国作家安东·巴甫洛维奇·契诃夫的短篇小说《装在套子里的人》。

在生意场上，领导力是一种很少被人提及的特质，但注意到这种特质的人不少。人们能够看到这种特质，尊重这种特质，并且渴望拥有这种特质。在某些情况下，即使没人说一句话，或没有授予任何头衔，人们也还是会模仿这种特质。无论它以哪种方式出现，对一个组织来说，这都是巨大的价值。那些默默以身作则的人，在他们的职业生涯中，他们会以一种看似不起眼的方式慢慢上升，但他们会在突然之间获得升职加薪，以及别人的认可，或者还会有人跟他们讨论更美好、更光明的未来。事实上，我看到过越来越多以身作则的人取代了那些依靠身份来领导的人，因为前者说做就做，将所有计划付诸行动，他们认为光说不做没有任何意义，他们只是去做。

今天，做一个激励他人的榜样，

以身作则，精益求精吧。

51.
你的成功动力是恐惧吗

在我父亲进入晚年之后，我建议我们偶尔一起吃顿午餐，聊聊生活。通常情况下，我们在一起的大部分时间都是在家庭聚会上，基本上都是随意闲聊。因此，我们从未有过任何真正有深度的谈话。

有一次，我们两个单独吃午餐，他吃着炸鱼和薯条的时候，突然抬头问我："迪安，你知道我为什么能在事业上取得成功吗？"我回答说："不知道，爸爸。不过从你那严肃的语气看来，你好像准备告诉我了。"然后他就告诉了我他成功的真正原因，害怕失败。他的整个职业生涯都是建立在恐惧的基础之上的。他带着恐惧，被恐惧驱使着做出了一个又一个选择、一个又一个行动，年复一年，日复一日，直到他的公司上市。他说，他所做的每一个举动，建立的每一段关系，决定的每一个计划，都是为了不让自己失去已经拥有的生活。我问他："你那个时候是成功的吗？"他告诉我他那时候的经济实力，我认为他是成功的，但他也错过了很多东西。因为他那个时候只关注潜在的失败和损失，因此，他几乎把通往他的商业道路上的每个人都当成了获得成功的台阶。在很多方面，人变成了一种机制，尽管我的父亲因为有能力把事情办好而受到人们的尊敬，但我知道，在他的内心深处，他对自己开创事业的方式感到后悔。

具有讽刺意味的是，他的恐惧从未停止过，这种恐惧只是从对生意失败的恐惧转变成对人际关系失败的恐惧，再到对生活的各种后果的恐惧，等等。然而，我不能否认两件事：第一件事是我父亲用来发展事业的方法实际上帮助他在经济上获得了成功。第二件事是苹果（我）没有掉落在离树太远的地方，尽管父亲对家庭有忽略，但我们的感情并不是很疏远。迅速回顾一下过去就会发现，我的职业生涯早期的大部分时间也都是在恐惧模式中度过的，直到我意识到有一种更好的游戏，可以让我获得人生的全部成功，并且有一种不同的动力驱动我们获得成功，那就是努力地为他人服务的动力。

你为他人服务的愿景越清晰，你的恐惧就会越模糊。

经过几年努力地为他人服务之后，我不再心怀恐惧地过日子了。我记得有一次和一位年轻的女士一同参加一个会议，她在走廊上拦住我，告诉我她有点紧张。我告诉她，我可以想到并告诉她的是，有两种参加会议的态度：一是专注于自己，让自己表现得好一些，控制自己，完成自己想要做的，我们所关注的一切都是会议的议程；二是不要有任何的期望，忘记我们想要得到的是什么，把我们的天赋和能力都集中起来，不去管我们会得到什么，只管为我们将要见的人服务。她听了之后笑着说，她的紧张感立即消失了。最后我们的会议很成功，并且让人感觉很轻松。

> 紧张不是让人惊慌失措的理由，而是一个让你关注他人的召唤。

恐惧是我们生活中很自然的一部分，但当恐惧出现的时候，这是一种以不同的角度看待事物的召唤。因此恐惧位于一个中立的立场，不会影响我们的精神带宽或者我们的服务能力。然后，我们就会有所转变：把我们的注意力放在给予而不是索取上。怀着索取的态度，我们的注意力就总是关注我们可能会错过的事情，我们将得不到的事情，或者可能出错的事情；怀着给予的态度，我们的注意力就会放在我们能为别人提供什么，和我们能为别人做什么上。我们的注意力离开了我们自己，所以看不到什么负面的东西，只会期待发生的各种可能性。

今天，专注于为他人服务，忘记自我，

体验新的一天吧。

另：这与这本书的内容无关，但我的个人品牌总是在我力所能及的范围内寻求改变，我不想低估与我父亲最后几次谈话的价值。在写这本书的时候，他去世才一年，而事实证明，我记得最清楚的是那些谈话的内容。我爱我的父亲，尊敬我的父亲，对我们曾经拥有过的生活，我心怀感激，尤其是那些我们一起吃午餐的时光。

想想你的父母，想想你还剩多少时间，

想想你还能为你们的关系做些什么……

趁他们还在的时候行动吧，

等他们不在时就没有机会了。

52.
生活工作中，不可不知的“手机礼仪”

每当我想到礼仪这个词的时候，我就会想到精美的亚麻餐巾纸、离开桌面的手肘，以及叉子的摆放位置，而这些我在一天的生活中从来都不会考虑到。曾经“恰当”的日子似乎已经被“我的所有感觉都是足够恰当的”代替了。在某种程度上，我对此深有体会，尤其是在如今的商场中，这些都是因为礼仪的缺失。这种缺失与餐叉或肘部几乎没有什么关系，而是表现在电子化的无礼行为上。这种无礼行为非常普遍，只要随便转过头，就能看到数字粗鲁综合征（Digital Rudeness Syndrome）患者。事实上，在24小时过去之前，你可能已经成为数字粗鲁征的受害者（或者也可能是作恶者）。以下是几件需要考虑的事情。

> 智能手机能够将你和每个人联系起来，也会让和你待在一起的人感觉自己无足轻重，什么都不是。

首先，我们都知道智能手机在工作场所是一种资产，但我们可能没有意识到的是，它对我们的个人品牌有什么影响。我们经常使用的智能手机上看似无关紧要的操作程序或者标准的操作程序，可能就是破坏人际关系和扼杀机会的凶手。幸好，可以移动的设备相对较少，因此确保我们的个人品牌完好无损并非难事。我们很容易让身边的人明白，我们更在意与他们在现实世界中相处，而不是在开会时或者聊天时，不断地看手机，进入数字世界。在聊天时不停地看手机，说话前言不搭后语，会导致体验感脱离，让人根本感觉不到你的陪伴。

使用智能手机的礼仪的基本原则是：当你在一个人或一群人面前分心时，你真正关心的是你的数字活动，而不是你面前的关系。即使你的意图非常单纯，只是看看手机，但对其他人来说，这一举动响亮而清晰地向其他人表明，相比在这里待着，还有更重要的事情等着你。人们能感觉到这个信号，而且通常不会忘记这一点。事实上，我认识一些人，他们深受数字粗鲁综合征的毒害，并且已经病入膏肓。以至于每当提起他们的名字时，人们通常会先对他们的数字粗鲁综合征评论一番，再说其他内容。这很糟糕，这就说明数字粗鲁综合征已经成为他们的个人品牌。更糟糕的是，当我们把这些人与其他有价值的关系联系在一起的时候，我们会感到很不舒服。因为我们会担心，他们对智能手机的沉迷，最终会让我们因为与他们的联系而看起来不那么明智。

对抗数字粗鲁综合征的另一个办法，就是接受这样一个事实：拥有实时传输特性的数据传送到我们的手机上，这并不意味着不管是什么时候、在什么情况下，我们都需要立即去读取这些信息。这似乎是大多数人都患有的一种疾病："我15分钟、30分钟、60分钟，或90分钟都等不了”，要去看一些可能只是垃圾邮件之类的东西。人们往往会问：“那万一是紧急的事情呢？”如果是紧急的事情，他们会不断打电话过来，而且，人们也明白他们有必要接一个不断重复的电话或回一个不断重复的短信。而我们都知道，发生紧急情况的可能性微乎其微。

拥有伟大个人品牌的人会控制他们的智能手机，而不是让他们的智能手机控制他们。

为了彻底解决这个问题，当你和别人见面时，关掉你的手机或者把它调成震动，然后把它收起来。然而，如果你在等别人给你打一个重要的电话、发一个重要的短信或电子邮件的话，你只需要事先告知和你在一起的人，如果发生这样的情况，你需要解决它，这样就行了。试着把这件事归为一件会让你分心的事，并注意提前澄清是黄金标准，人们会理解的。

如果要开一个商业会议，而你需要使用你的手机来做笔记，那么，通知相关的个人或者整个团队你会这样做，这样才不会显得粗鲁，否则就会让别人心烦意乱。或者，如果需要使用应用程序或其他诸如此类的工具，那么同样需要讲明实情，这样其他人才不会胡思乱想，借题发挥。

今天在使用你的技术设备时考虑一下其他人吧。

53.
一周做一点了不起的事情

每个人都是一本写满故事的书，其中有些故事是我们偶然经历的，有些故事是我们自己创造的。有些人的书值得一读，有些人的书则不值得一读。这是人类鲜明的本性，各不相同，也是为什么我们会认为有些人有趣，甚至觉得他们迷人，而另一些人则恰恰相反，我们会认为他们枯燥乏味、没有特色，并且有点无聊。尽管我认为所有人身上都有他们自己的才华，但世界并不总是那么美好、乐观。

有些人的生活充满了故事，跌宕起伏。例如，有一个军人的孩子，她在18岁之前就在26个国家居住过，她学会了8种语言，还在亚马孙丛林里救了她的小弟弟，没有让蟒蛇吃掉他。这一切都是偶然发生的，却为她的人生增添了无数精彩的故事。另一些孩子在一个只有641人的小镇上长大，当时正处于和平时期，从来没有什么令人兴奋的事情，也没有发生什么精彩的故事，除了一年发生一两次的意外事件。这不是一件坏事，只是两种不同的人生活在两个不同的地方而已，他们也都会从发生的事情中获得益处。

> 去冒险，然后完成冒险。如果你不这样做，你的生活就是了无生趣的，像是在棺材里等待死亡一样，安全却没有乐趣。

那么，做一些可以当作谈资的事情，是什么意思呢？首先，那些我们从来没有做过的事情，才算得上是从无到有的故事，或是对一件已经发生的事情进行一些令人瞩目的补充行为。这些通常是我们从未尝试做过的，或者是我们相信会对别人产生影响，令人兴奋，并且能够取得成效的事情。

通常，这样的事情是要承担风险的，风险越大，故事越精彩，其价值也越大。可以在工作中尝试一些新东西，一个实验——具有社会性和真实性的；追求一个大客户；或者召集一次会议，分享一个伟大的想法；可以尝试新的食物或活动；去一个未知的地方，可以与工作有关，也可能与个人有关。这个概念其实与我们到处乱跑，然后将其当作谈资夸夸其谈没有什么关系。更重要的是，我们要活在精彩的故事当中，体验这些事件对我们的影响，享受这些事件给我们带来的价值，欣赏和感激在这些事件中的其他人，并让他们也能获得价值。同时，在恰当的时候分享这些精彩的故事也会给别人带来灵感。

今天想想什么事情可以作为有价值的谈资，

并开始做计划吧。

54.

建立一个高效系统，把时间花在重要的事情上

我的妻子认为我是个疯子。像往常一样，她是对的。但是，每当在我们的日常生活中发生了不该发生的事情，这些事情每周或每月都会像是例行公事一样发生，比如日程安排问题、晚餐和家庭需求、社交混乱等，这时候我就会告诉她："我们需要建立一个系统或者流程，这样就不会一直发生这种事情了。"她有什么反应呢？她说："为什么每件事都必须有一个系统呢？"我告诉她并不是这样的。而在我完成新流程之后，她看到这个系统帮助我们节省了很多时间和精力，帮助我们消除了很多困惑，这时她仍旧看着我，就好像我来自另一个星球一样，而我知道她是心存感激的。

有一个简单的问题，我们可以把它当作例子。这个问题经常导致我们产生压力、迟到、错过约会、浪费别人的时间等。这个问题就是我们经常把钥匙放错地方。确定一到两个顺手的地方来放置钥匙及钱包，而不是随便放在沙发垫子上、浴室里、书架上、裤子口袋里、抽屉里，或者任何其他什么随手的地方，这就

是一个系统。我的一个系统是利用淋浴时间进行创造性思考。我知道目前我说的内容信息量太大了，但请和我一起忍耐一下吧。洗澡的时候，我发现自己经常走神，所以我决定干脆用一种不同的方式利用这段时间，我的一些最好的名称、标语和其他一些想法都是在这个标准的日常生活习惯中想出来的。等红绿灯的时间、排队的时间，甚至上厕所的时间，后者是一个不太好意思提起的事实，这些都是可以用来提高效率的机会。另一个简单的系统是，列出你需要在商店里购买的所有物品的清单，这样你出去买东西的时候，就可以节省一些时间，少走一些弯路。在购物的路上，甚至可以购买一些成堆的日用商品，这样不仅可以节省汽油、时间和能源，同时还可以一次买回所有你需要的东西，使你的生活变得更简单。

> 你几乎可以为你个人生活和工作中的每一件事，都设计一个流程或系统，这样可以节省时间、增加容量、减少压力并提高效率。

在我们的日常生活中，创建系统是成功的必要条件，尤其是在相同的问题一再发生的情况下。以下是列举的一些例子：

- 如果你需要开车去参加一个外地的会议，那么不想迟到的话，就必须有一个可靠的系统，可以查看地图并在线查看“街景”，显示完整的路线，设置GPS导航。为了保险起见，甚至还要打电话给你要去的地方，问问他们到那里有没有什么困难，或者有没有什么你应该知道的事情，问问当你到达之后有没有停车的地方。早点出发，这样当你到达的时候，你会更加放松，更加专注。

- 如果你想要记住别人的名字、爱好、生日等，那就好好利用你的智能手机。在手机上下载一个应用程序，学习使用那个工具，然后坚持下去。

- 如果你想节省时间，有很多可以提高效率的应用程序能帮助你创建系统，因此你可以使用很多方法让你的生活变得更有效率。

- 你要准备安排会议吗？列一张清单，这样你就不会遗漏任何事情或任何人了。

- 你要参加工作评估了吗？准备一份包含所有谈话要点的文档，概述你对业务做出的贡献、你看到的有改进的地方、你可以继续改进的地方，准备好他们可能向你提出的问题的答案，以及他们所关心的问题的答案。

> 你的个人品牌依赖于不断地实现卓越的计划，而不是不断地处理发生的意外。

令人感到惊讶的是，在开发系统的过程中，我们竟然不需要花太多时间思考。我们常常忙着与生活抗争，以至于无法放慢脚步，去明确“更好的”是什么样子，去弄清楚是什么事情导致令人悲伤的情况不断发生，或去制定策略来改善我们所知道的事情。如果你刚好不是这种喜欢制定流程的人，那么你就去找那些会制定流程的人帮助你。有条理的人往往喜欢帮助别人也变得有条理。正如我们之前所说的那样，这是一个实践从小事着手、分阶段快速获得成功、摸着石头过河、构建可扩展的可能性的好时机。获得系统动力的意思是开发一个系统，并看到结果，然后进入下一个系统，再接着进入下一个系统。直到齿轮像例行公事一样转动得又快又灵活，没有堵塞、卡壳，也不会以缓慢的速度前进。

使用你自己创建的系统来提高自己的效率和日常生活的环境，是一件非常鼓舞人心的事情。随着生活和商业变得越来越复杂，竞争越来越激烈，我们需要将所有的时间、精力、能力和我们所能获得的所有额外的力量用来竞争、成长和主导我们的领域，这就是当我们拥有系统思维模式时所创造的价值。更不用说，当我们重复做某件事的时候，人们往往会认为我们在那些事上很擅长，而当这些事情出现问题时，会对我们的个人品牌有很不好的影响。

今天看看你的工作或个人生活中，

哪些方面进展得不顺利，为此建立一个系统吧。

55.
你的个人品牌需要你精心维护

如果你一直在循序渐进地阅读这本书，那么现在你应该知道，胆小或三心二意的人是无法打造出一个引人注目的个人品牌的。这需要勇气、决心，需要深入你的内心，需要在工作中挑战你的极限，无论是工作中的大事还是小事。我相信你也意识到了，成为一个伟大的品牌，超越了你的工作范畴。成为一个伟大的品牌，能够让你身边的每个人，或即将遇到的每个人，在生活的各个方面以任何形式变得更好。工作关系会更加牢固，工作条件会更好，家庭关系会更亲密，与社会上的熟人之间的关系会更紧密，朋友之间的友谊也会更真诚。与此同时，你会不断强化你的性格，不断创造更多的机会，对你的职业发展道路和人生旅程更有掌控力。我相信，你也会同意，如果没有把自己塑造成一个杰出的品牌，不管你参与什么事情，最后自己都可能会成为砧板上的鱼肉——任人宰割。

将你的个人品牌提升到一个水平是一回事，让你的个人品牌保持在那个水平是另一回事。

记住，你的个人品牌是一个活生生的实体，你要解决的关键问题是品牌的可持续性，即在将你的个人品牌提升到一个新的层次和价值水平的同时，保持你的个人品牌能力，使你的个人品牌让人无法抗拒。我的父亲曾经说过，要想让一个东西一直停留在一个地方，它就必须不断成长，否则，它将会缓慢地向后移动，倒退回去。我们的个人品牌也是如此，因为我们周围的一切事物本质上都在成长、进步，都在不顾一切地向前发展。问题是，我们是跟着它们一起成长，还是看着它们成长，直到它们消失在我们的视线之外，甚至最终使我们无法触及呢？这种情况每天都在发生。

运用到目前为止你在这本书中学到的知识，以及你早已经知道的知识，就能知道什么是品牌可持续性的关键了。但有一个领域我们还没有谈到，那就是真正的商业专业人士密切关注的那些事情中的微妙智慧。因为这些智慧需要密切关注才能拥有，它是根据《圣经》中的一段话写成的，这段话说的是避免不当行为的出现。从本质上说，这意味着永远不要让你周围的人听到任何会引起质疑你品牌或诚信的话，或看到任何会让他们质疑你的品牌或诚信的行为，即使这是无法保证的。你需要知道，有些你可能会做的事情、会去的地方、会结交的人，或者你可能会说的一些似乎不会伤害或损害你的品牌的话，都有可能产生可怕的后果。

不幸的是，一个不好的选择、错误的声明，或一个不明智的举动，都可能为你制造出一个新名声，并且让你的新名声像一场大火一样，在工作环境里迅速蔓延。不知不觉中，在你意识到这一点之前，你就会被称为“什么什么”先生或“什么什么”小姐，不管这个“什么”到底是什么。

你的个人品牌不仅仅关乎你和别人一起分享了什么，还关乎别人分享了你的什么。

例如，一个男人想给他的妻子买内衣，他决定在上班时间到维多利亚的秘密网站上购物。这时刚好有人从拐角处走过来，看到了他正在看的东西。他觉得非常羞怯，赶紧点击鼠标关闭了那个页面。这是一个典型的“不当行为表现”的例子，而且还有很多类似的事。我们通常知道这些潜在的毁掉个人品牌的导火线是什么，不管那是我们打算要做的事情，还是别人让我们参与的事情。我们经常有这样的感觉：也许我们不应该这么做。这种感觉可以称为品牌早期预警监测系统。当这种感觉出现时，这就是一个值得我们注意的问题。注意到这一点之后，它们往往会让我们保持在品牌增长的状态中，消除“纸牌屋崩溃的可能性”，而这种可能性是由我们在工作中可能会做的一些不必要的事情产生的。

今天明智且小心地对待你的个人品牌吧。

56.
失败的次数决定人生的高度

当你计算任何成功人士一共经历过多少次失败时，不管这个成功人士在他的职业生涯中取得多少重大成就，你会发现关于失败的次数，这个数字是相当可观的，而这一点儿也不奇怪。每个人平均失败的次数几乎是少得可怜的，加起来的话，数量却是惊人的。当然，你肯定听过托马斯·爱迪生（Thomas Edison）的故事，关于他是怎么在经历无数次的失败后发明出灯泡的。好吧，像这样的故事还有许许多多，将来还会有更多。每一个成功过的人，我指的是每一个人，都会告诉你，他们一路走来都有过像爱迪生发明灯泡一样的经历。但有些人会告诉你，他们认为失败没有坏处，他们把失败看得轻如鸿毛，认为失败是经验、教训，是学习的机会。他们继续前进，并认为失败是进步，而不是减速。

那么，是什么阻止了人们，让他们无法取得伟大的成就，无法承担巨大的风险，以及无法在工作生活中迈入新的领域呢？这经常是他们对失败的消极想法和情绪造成的。出于某种原因，社会把失败归于要不惜一切代价避免的“疾病”，由此给它贴上了一个耻辱的标签。顺便说一句，整个社会不过是一个责任混淆的集体，它没有太多的相关性，与你的现实生活不沾边。所以，由它来决定任何事情是没有可信度的，一切都取决于你自己。

> 在商业上取得成功的感觉就像是踩在香蕉皮上滑倒一样，只不过是向前倒！

首先，考虑一下“当失败发生时，失败就是进步”这种心态对你和你的个人品牌意味着什么。当失败发生时，拥有正确的观点和方法，就有能力在你经历失败时消除所有负面的情绪。否则，它会让你失去前进的动力和乐观的心态，让你情绪低落，使你前进的步伐变缓，甚至会让你停滞不前。

我们每个人看待失败的方式不同，这是我们与别人的不同之处。有些人对失败的看法非常消极，以至于他们决定他们的一生都不能有任何失败，最后他们秉承着“如果你在生活中谨言慎行，就不会有任何好的或坏的事情发生，你只是一个客观存在的个体”的观念生活，但这不是生活的方式。另一些人认为失败是自我惩罚的一种形式，从而忽略了重点，这意味着在他们今后的商业生涯中，他们可能将经历数以百计的失败。而面对这些失败，还有一些人会选择（我特意用了“选择”这个词）给每一次的失败增加痛苦、遗憾和压力，因为他们已经在潜意识里习惯把失败与痛苦、遗憾、压力联系在一起，这已经成了他们的惯性思维。

有时候，沉湎于失败似乎比重新思考、重新组合，然后重新开始更容易、更舒适。所以这个选择就变成了，我是要继续带着这些痛苦和不安在失败中徘徊，还是要带着这些痛苦和不安重新开始呢？这是一个关于情感能量分配的问题。在这两种情况下，同样都耗费精神、情感和体力，那么问题就变成了我该把它放在哪里？放在希望里，还是放在绝望里？这就是当失败发生时，你是一个胜利者还是一个受害者的原因。

> 在生活中，没有失败，只有反馈。除非你是厨师，因为如果你的饭菜做得不好，别人不会说什么，只会把它们退回。☺

从经验来看，我知道改变我们看待失败的态度很困难。但是，如果不改变我们的观点，不花时间调整我们的心态，我们将遇到更多困难，对我们的生活危害更大，失败持续的时间也会更久。重新定义失败可能是一个巨大的挑战，因为通常当我们想要消除一些负面的东西的时候，并没有更有价值的东西来替代它。因此，我提出的策略是，我们不应该消除我们对失败的消极看法，而是应该将新的思维植入心底。这种思维让我们在新的参考框架里发现有价值的东西，让我们尽管经历了失败却仍能够获得安慰，让我们知道，要正确看待每一次失败，失败只不过是还没有被发现的成功而已。

今天换一个新的角度看待失败、错误和失误吧。

57.
设计一套适合自己的商务礼仪

用网络搜索“商务礼仪”，你会看到千万条相关信息，很显然，我不是唯一一个查找礼仪的人。只要你还是一个会呼吸的活人，你就会意识到在当今的商务世界中，普通的礼节大大减少了，如没有及时跟进、不回电话、拖延回复、使用不恰当的评论或行为、开会迟到等，这些行为都在贬低、破坏、分散、拖延和扰乱人际关系和个人进步。

很少有人会提到商务礼仪是我们的一个机会，一个能让我们迅速在公司内树立一个突出的个人品牌并巩固我们在同行中的声誉的机会。也很少有人会去思考自己的日常礼仪应该具备什么样的风格，它会产生什么样的影响，以及它会如何反映我们的形象。因为我们经常陷入日常生活的混乱之中，无暇他顾。不过，礼仪如果实施得恰当，可以将混乱化为乌有，让这一天变得美好。

良好的礼仪并不会让你显得平庸，反而会让你超越平庸。它传递了一种感受，一种将会被尊重、被铭记的感受，最终我们会因此有所收获。

从本质上讲，商务礼仪是一套设计好的行为和反应系统，它将决定你在工作中扮演什么样的角色，最终决定你的个人品牌。它还会让你清楚地了解自己做生意的方式，以及自己是如何与人相处、如何尊重他人，以及与人打交道的细节。尽管我们被要求遵守与职位相关的特定绩效标准，这些标准通常在我们的工作描述中被提及，但我们很少或几乎没有关注过我们的品牌是对职业生涯影响最大的因素之一，通常也没有进行过培训。人们普遍认为我们的工作表现应该与一般人持平，所以其他人很少会注意到在现状下我们完成的工作如何，他们会注意到的是我们在基本工作之外的其他优秀表现。而当有好事发生时，这些优秀表现会让我们脱颖而出，让我们领先于其他人。

那么，从什么地方开始呢？每一份工作都是独一无二的，我们必须设计一个适合我们自己的系统。一个我们可以在日常生活中实施的系统；一个我们相信可以为我们的性格打开一扇窗户的系统；一个可以让我们超常发挥，在工作中表现得更好的系统。举个例子，下面是我的系统：

1. 当天给每个打来电话的人回电话。

2. 记住别人的名字，了解一些关于他们的小信息。

3. 除非征得别人的同意，否则不在社交场合使用手机等数码设备。

4. 如果供应商做的工作非常好，多支付一些钱给他们，比他们给的发票上的数字多一些。

5. 不仅仅只是信守承诺，还要承诺一些能让我达到更高水平的事情，并信守承诺。

6. 专心倾听他人的讲话，明白他人的意图，不要想其他事情，不要忘记眼神交流，不要分心。

7. 如果当时正坐着，当别人介绍自己时，马上站起来。

8. 感激他人把工作做好。

9. 将注意力集中到他人身上，然后开始对话。结束对话时，保持礼貌。

拥有自己定义的系统的好处是，你将不需要花费精力去思考是否应该说某些话，或者是否应该做某些行为。因为那些话和行为已经成为习惯，而这些习惯带来的价值让它们保持住了，最终习惯成自然。

> 不要因为别人值得尊敬，你才尊敬他；你尊敬别人，是因为那是你应该做的。

那么，你如何判断你的礼仪是否有效呢？这很简单，但也需要你的关注，以及你要对自己诚实。有时候，当我们比别人多走一步，用行动展示我们认为有价值的礼仪时，我们会认为别人也应该以某种方式回应。衡量礼仪就是当我们把自己的礼仪展现在别人面前时，只需要看看他们有什么表现就可以了。如果我们看到别人微笑，这就说明我们做对了；如果他们以友善的言语、友好的手势或者以其他某种形式的回应来表现他们的感激之情和积极的肯定，那就说明我们做得很好；如果你看到的不是积极的表现，那么就要明白，你的礼仪表现得不太好；如果结局不尽如人意，那么就稍微询问一下，搞清楚自己哪里做得好，哪里做得不好，做什么是有用的，做什么是无用的。

今天设计一下适合你自己的礼仪系统，

然后试一试吧。

58.
不要被那些无关紧要的事情混淆视听

几年前，那时候的经济环境相当具有挑战性，我和一位首席执行官坐在一起，她正面临着严峻的商业挑战。她公司的销售额正在下降，她的营销计划没有按照战略部署来实施。我让她再多告诉我一些信息，然后她突然表现得很脆弱，并说她觉得自己即将破产。那真的很糟糕。很明显，我是来讨论销售和营销策略的，但我想知道她对公司有哪些承诺，我所做的工作已经超越了流程操作和制定策略，而是重新获取信任和处理要点。为了提出有针对性的战略问题，我需要知道一些可以揭示问题的信息，于是我问了她一个模糊的问题："那么你这些天在看什么东西呢？"她说她在读一本很好的言情小说。由于我们之间互相信任，因此我觉得我可以坦诚地说："也许你可以考虑阅读一些跟销售和营销业务相关的书籍，因为这与你所处的商业困境有关系。你有100多名员工，破产对你或那些在你手底下工作的所有家庭来说，可一点儿也不浪漫。"有那么一瞬间，她看起来好像受到了当头棒喝，或者说好像被火车撞了一样。然后她微笑着承认自己被揭破了，当然是以一种好的方式。我们还发现，还有一些系统性的干扰需要立即处理。

> 如今，生意是如此难做，因此我们很容易用分散自己注意力的方式来治疗自己。

关于分散注意力，我有切身体会，作为一名首席执行官，很多时候我也会用分散注意力的方式来治疗自己，而没有专注于困难本身，没有想办法去解决这些问题，因为这些问题似乎太难处理了。我越是回避重要的事情，事情就会变得越难以捉摸，也就会有越多的人因此受到影响；我越是逃避眼前面对的事情，我在公司里的个人品牌就会越糟糕。我为我的分心付出了很多代价，而当我决定不再用舒适、乐观的表面工程逃避问题，转而开始处理关键问题的那一秒开始，我的决定也就是在一秒内做出的，我被一系列新的动力驱使，事情也在短时间内发生了变化。时间短得就像是只做了一个决定一样，好像仅仅做出一个决定，事情就发生了变化。

> 当我们把注意力集中在工作问题上时，总是会受到让我们分心的事情干扰。对一件事的关注程度总是与它的解决方法成正比。

在你的工作中，每天都有一些主要的事情需要完成，还有一些辅助的事情，可以迟一些做，也可以委托给别人做。但是，还有一些“其他”让我们分心的事情，比如上网、参加社交活动、看汽车、看衣服、运动，诸如此类。因为我是一个很容易分心的人，所以我想了解更多关于这种让人衰弱的“企业疾病”的事情，因此，我想出一个办法，与几十位专业人士进行交谈，并问他们一个简单的问题：你做了什么事情会让你分心，或者什么事情会让你分心，使你无法完成每天需要完成的主要工作？我不想列举我听到的一长串避免工作的策略，因为太多了，我只想说，每一个专业人士都有一大堆让他们分心的事情，让他们无法完成自己清楚需要完成的事情。与此同时，其他人在作壁上观，思索万千：为什么我这么努力地工作，而他们却一直在做乱七八糟的事情？

从战略上讲，通过消除一切干扰，我们每天的生活中可能有10%到20%，甚至有30%以上的额外时间是可以拿来利用的，但通常我们需要在这里或那里寻找一点安慰，这就形成了干扰。我并不是说在一整天的时间里不安排一点休息的时间，我只是告诉你，我们总是被各种事情干扰分心，而这些事情实在太多了。因此我们需要诚实地与自己对话，告诉自己我们浪费了多少时间，这些让我们分心的事情对我们的个人品牌和工作上的成功有多大影响。

今天忘掉那些无关紧要的事情，

看看我们的效率提高了多少。

59.
相对于谴责，我们更应该支持他人

这只是一个猜测。但是在工作或生活中，总有一些人会让你感到不舒服，让你无法忍受，或你已经对一些人有了负面印象。你对他们的判断很有可能是准确的，比如他们是谁，他们的表现如何，以及他们对你或对组织承担责任的情况如何。也有可能你是错的，或者你只是基于你以前与跟他们相似的人相处的经历，而对他们产生了偏见。

此处我们讨论的主要问题并不是你是否正确，这只是其中一种情况。不管怎样，用消极的眼光看待一个人，就会给你的个人品牌蒙上阴影。如果你对他们有偏见，那么你在他们生活中所说的话就会被怀疑，或者别人会因为谨慎而过滤掉你说的话，不把它当回事。在他们的生活中你说的话将失去影响力，任何想要以积极的方式影响或推动他们的愿望都将被视为一种威胁，或被视为一种压迫行为。

我们可以从另一个角度看待人们，不一定根据他们当前所处的环境和当前的状态，而是根据他们正努力想要成为什么样的人来看待他们，或许他们还需要你的帮助才可以成为他们想要成为的人。如果让我们选择，我们可以选择保持自我控制，而不让我们因为别人激怒自己而失去任何一点宝贵的积极情绪。我们可以选择利用这个机会，在他们的人生旅程中做一个鼓励他们、帮助他们、让他们变得更好的人。你甚至可以说，这些人是帮助我们变得更好的老师、鼓励者、支持者。这些对于任何一个想要实现职业抱负的人来说，都是非常宝贵的财富。

有一件事情是肯定的，那就是我们永远不知道别人在他们的生活中经历了什么，为什么他们会变成现在这个样子，为什么他们会做现在做的事情。举个例子，很多年以前，我正在路上开车，突然有一个人拐到我的车道里，在下一个红绿灯时，我要求他摇下车窗，让他去学学如何开车。他向我道歉，并告诉我他刚刚在一场车祸中失去了妻子，这当中他还咒骂了几句，然后他摇起了车窗。对我来说，那是一个重要的时刻，它让我明白，我永远不知道别人经历了什么，他们过去发生了什么，他们有着怎样的伤痛，他们有什么恐惧和创伤。从这以后，我把帮助人们当作我的使命，而不再用无知和不成熟的观点来评判他们。

> 那些对别人妄加评判的人并不知道他们是谁，他们是谁这个身份完全是通过与他人的对比形成的。

我不知道你会有什么想法，但如果我回顾自己的人生，回想十年前或二十年前的我，我会说今天的我和那时的我完全不同。

我也可以毫无疑问地说，那时候我有一些严重的问题需要处理。在我的生活中，有一些人和我站在一起，对我将成为什么样的人充满信心并保持乐观的期望，而不是只看我当时是什么样子。换句话说，他们对我当时的状况表现得很仁慈，并帮我变得更好，而不是批判我。相反，他们和我一起做事，教导我，并不加谴责地坦率地与我沟通。这些人在我的心目中有着非常特殊的地位，我愿意为他们做任何事情，我愿意以任何方式无条件地帮助他们。他们的个人品牌对我来说有值得牢记终生的价值，即使在某些时刻他们与我发生矛盾，产生问题，但他们对我生活的影响和价值，使那些问题和矛盾都不值一提。这就表明了，当人们在我们的生活中支持我们成长而不是谴责我们时，产生的力量会有多强大。

每一天，

耐心地支持那些正在努力成为他们想成为的人，

他们可能也会对你报以同样的耐心和支持。

60.
提出好问题是开启对话的关键

如果你问别人，他们愿不愿意不花任何代价，不费什么力气，并且保证快乐，就能在明天的工作中聪明10%到15%，你会发现愿意的人排的队都可以绕地球一圈了。如果你问别人，他们是否想要提高他们说话的有效性，同时减少他们所说的不准确的事情的数量、不能鼓舞人心的事情的数量、没有价值的事情的数量，以及他们说的愚蠢的话的数量（此处恕我斗胆），愿意的人将排同样长的队，我也会是其中之一。这是可能发生的现实，但你需要善于提出重大问题，即战略调查。这是一项需要学习的技能，准备好一大堆的好问题和好奇心是我所见过的获得生意的最快途径，是一种社交智慧。

沟通中的挑战在于，我们可能会变得过于关注自己一会儿要说什么重要的事，或下一步要做什么，以至于我们忽略了沟通中至关重要的微妙之处。结果呢？我们只能以单方面的广播形式的沟通方式结束对话。而我们所能做的真正有价值的贡献在于，使思想步调与对话保持一致并获得相关信息。这样我们在回应的时候也能表现得充满智慧，而不是用我们的花言巧语胡乱糊弄，试图蒙混过关。

在这个问题上我算得上是个专家，在我的生活和职业生涯的大部分时间里，我更关心的是我将要说什么，而不是通过问些伟大的问题学到些什么。直到我发现了关系的公平性和生产力，我才知道我有多么的愚蠢。这种关系的公平性和生产力是在我清醒地倾听、说明和提出重大问题时发现的，而不是受制于一种奇怪的压力，即说一些聪明的话，同时被贴上不感兴趣、不关心和不冷静的标签。当我们充分利用调查的潜力时，在谈话中找到一种平静，这种平静会帮助我们放松思想。

> 我们问的相关问题越多，我们就变得越聪明，就是这么简单。

事实上，如果我们一直忙着思考自己接下来要说什么话，那么对话将会一直很尴尬。当我们思考我们下一个评论要说什么的时候，我们经常会从对话中走神，错过关键的细节。而这些细节将给我们提供正确的信息弹药，从而让我们能够发射出完美的引导、反馈和有价值的子弹。相反，我们倾向于用霰弹枪打出对每个人都有压力的评论，如果幸运的话，还能击中一些目标。最常见的情况是，这些评论通常会被置若罔闻，或使整个房间的人变得偏激，根本得不到我们想要的结果。不管怎样，由于说出了这些评论，谈话的势头会因此而减慢或停止，而我们得到的反馈只有沉默、茫然的表情和眼神，这样的结果最终只会损害我们的个人品牌。

如果我们养成好奇的习惯，而不是习惯于专注自我，那么我们的沟通、贡献和个人品牌都会在社交和职业上得到迅速的改善，更自然、更轻松、没有压迫感的交流方式会创造出一种更轻松的对话氛围。在这种对话中，我们更重视的是询问而不是强调。好奇是一种艺术，就像发表声明也是一种艺术一样，两者都需要专注的倾听和奉献，而不是着重于给人留下深刻印象。顺便说一句，经常会有人因为没有认真倾听某个人说的话，而问出一些愚蠢的问题。事实上，如果他们没有走神的话，他们应该很熟悉这个问题的答案，根本不会发问。

> 你提出的问题越具有创造性越能掌控你谈话的方向。

就像我们用丰富的书籍组建一个图书馆，让我们借此更适应生活、更靠近成功一样，我们可以用好问题组建一个问题库。举个例子，当我遇到一个想要建立伟大品牌的客户时，我有一个预先设置好的问题列表。这些问题是由流程驱动的，可以为我提供所有我需要知道的信息，这些反馈信息对客户很有价值，可以善加利用，而且错过目标信息的可能性最小。并且，在见面之前，我通常会对列表进行删除和调整。每个客户都是独一无二的，所以我一般会添加几个为其量身定制的问题。如果我只需要给一个公司命名，我也会为其准备一个列表。我有很多列表，因为我需要知道很多信息。在很大程度上，好奇心越大，问询的问题越多，客户就越相信我了解他们的需求、市场，以及明白如何更好地取得成功，这样他们就会对我越有信心。即使是我在午餐时间与某人会面，我也会根据我需要帮助的事情来寻求反馈信息，通常我也会做同样的事情，创建一个问题列表，集中讨论，然后获得最好的结果。此外，这也是对花时间帮助你的人的一种尊重。

> 我们的价值更多的是体现在我们提出的问题上，而不是体现在我们所做的陈述上。

想要变得善于提问，你就要随时准备好一些问题。这些问题必须是你认为能够让对话变得更清晰，更有机会增加话题，以及能够让话题变得更有趣。当我与某个人一起工作，然后发现某种行为引发了问题时，我经常会问一个问题："这种行为什么时候还会在你的生活中的什么地方出现？"有时候他们会说出很多这种行为造成的破坏，我不需要说任何话，他们的情况就会得到改善，问题变成了答案。最重要的是，生活、事业和人际关系的好坏，将取决于我们的清单中有多少重要的问题，正如我一个朋友曾经说过的："永远不要低估一个好问题带来的价值。"

今天，问一些更好的问题，让生活更美好。

61.
与众不同固然很好，但是有意义更重要

曾经有一段时间，产品、服务甚至人，如果与众不同，那么他们就会很有价值。一旦出现了新的东西或陌生的人，我们都会注意他们，并且会认为那些东西或那些人一定有一些有价值的东西，因为他们是与众不同的。仅仅要点小聪明就足以引起人们的兴趣，让我们相信这是我们应该拥有的东西。尽管我们对治愈所有疾病的灵丹妙药、修复一切的应用程序、给我们带来六块腹肌的健身机都知之甚少，但我们还是会相信这一点。

当今社会，“与众不同”的人和各种事物环绕在我们身边。因为我们生活在一个“与众不同的世界”里，“与众不同”正变得越来越同质化。各种媒体渠道让我们清晰敏锐地意识到不同的存在，以至于在某种程度上，与众不同可以归类为正常。那么，我们为什么还要努力变得与众不同呢?

想要成为独一无二的人的动力有很多，想要获得关注、害怕融入集体，或害怕变得跟别人一样，这可能是一种“反”立场，是一种对许多事情的蔑视。可能只是因为我们在某些人身上看到了一些不喜欢的东西，我们就会说出“我不想像妈妈、爸爸、我的同事、我的哥哥、我的姐姐、我的老板”或者什么其他人那样。坦率地说，想要与众不同的动机可以说是一种以自我为中心的立场，这种立场导致了我们与他人之间的疏离。因此，我们觉得有必要看看不同形式的“与众不同”会给你带来什么样的实际价值。有一种明显的与众不同会随着时间的推移而逐渐消失，这是有好处的，而另一种完全没有关系、没有意义的与众不同甚至在开始之前就消失了。

差异化的价值不在于它有多么与众不同，而在于它吸引了多少人。

以成功为中心，更具有相关性的与众不同的方法比其他方法更好，比如从常规中脱颖而出，或成为同类型的人中最好的，或做一些别人没有做过的事情。不管动机从何而来，与众不同总是有风险的，如果你决定走这条路，评估一下成为与众不同的人有什么好的结果，以及有什么潜在的问题让你不要成为与众不同的人，这才能做出明智的决定。举个例子，我的一个科技行业的客户建立了一个软件平台，他确信能够凭借他们新程序的主要功能取得成功，因为市场上只有他们拥有这些功能。我们建立了品牌，围绕这些与众不同的功能进行了宣传，开展了活动，推出了这个产品，而我们得到了什么反馈呢？只得到了窃窃私语，电话没有热闹地响起，销售团队很沮丧，他们想象中的火热销售场面没有发生，尽管推广活动简洁地传达了信息，但这些与众不同的特性缺少一个关键的元素——相关性。尽管这些特性具有一定的价值，但是很显然，我们的客户对“有价值”的理解与市场需求的“有价值”概念有所不同。而由于我们是在产品开发好之后才被雇用的，因此我们没有机会向客户提议进行产品调研，从而了解这些与众不同的产品是否能与市场需求相适应、是否有意义，以及是否有销售市场。

今天，一件东西存在的意义就是新的不同点。

虽然软件是一个产品实例，但我们自己的品牌也同样需要进行这样的考虑。我们关注的是基于相关性的稀缺性或差异性来为特定的情况带来特定的价值，还是别有用心呢？换句话说，我们想要与众不同的愿望会不会是昙花一现呢？我们会不会对想要与众不同的愿望漠不关心呢？我们想要与众不同的愿望会不会让那些经历过的人因此无法继续得到好处呢？还是说，我们会用代表大众、受人尊重的方式，而不是用想要从人群中脱颖而出、引人注目的方式呢？相关性是一种新的不同，每隔一段时间检查并记录我们在家里、在工作中或者任何我们定期会去的地方的相关性，这是明智的做法。当然，如果相关性需要与众不同，那么就与众不同好了——从那个角度来看。但永远不要为了与众不同而牺牲相关性，否则你会发现自己需要一些，呃，不同的东西。

今天找出你的价值所在，并把它记下来。

62.
社交媒体不只是威胁，更能帮你取得成功

在前面的文章中，我简要地介绍了社交媒体与我们的在线品牌相关的一些潜在威胁。在哲学方面，我想分享一些我学到的东西，如果你选择为了工作而社交，那么这些东西会有助于让你的个人品牌变得更有价值，并保持其相关性。这与以社交为目的的社交完全不同，它提供的机会比猫的视频或者生日蛋糕的图片带来的机会还要多。

可以考虑加入的社交商业渠道有几十个之多，显然，你没有时间同时经营十几个社交渠道。因此，研究并选择你有时间做的最重要的一两个，然后在这些社交渠道上建立一定的存在感并保持住，这将是你的投资获得回报的关键。你可以通过时间来衡量这一点，选择你愿意与之交流的听众。试想一下，如果为了促进你事业的发展，你可以向一屋子的人做演讲，你希望谁在房间里呢？一旦你确定这些人，找出他们聚集的地方和交流的场所，这就是你的渠道。如果你的观众随着时间的推移而有所调整，那就改变渠道来适应这种变化。一旦你找到了合适的群体，仔细检

查一下基本的沟通协议、内容和风格，这样你就能找到相关的东西，而不是纠结于其中。

> 商业社交媒体几乎没有优雅可言，却有着非凡的记忆力。要么好好写，要么被注销。

社交媒体是对第一印象产生巨大影响的地方之一，所以我建议你为自己制订一个简单的，一页就可以写完的计划。一个关于如何接近观众，在一年的时间里想要传达什么信息，以及你想要用它们创造什么品牌的计划。集中注意力很重要，一般来说，一个十八般武艺样样精通的人从一个主题跳到另一个主题，他获得的关注度不会比一个以特定而引人注目的东西而出名的人所获得的关注度多。同时，保持你与他人的沟通，如此这个渠道才可以与你写的东西连接并有所关联。与商业相关的社交渠道不是发表个人观点的地方，也不是为了脱颖而出冒不必要的风险的地方。在这些地方，每一篇文章的主题或重点都要一致，你要在“指导方针”的范围内传达清晰的价值观。至于发表的内容的质量，肯定比数量更重要，这是显而易见的。一卡车平庸的作品远远不如一些短小而特别引人注目的内容强大，意思是要在社交网站上发布你最好的作品，发布内容一般的作品对你的个人品牌来说就像是死亡之吻一样，会对你的个人品牌构成威胁。如果你这样做几次，人们就会在滚动屏幕之后说再见，在某些情况下，是永久的再见。

在网上发表评论和交谈是一件危险的事情，这已经不是什么秘密了。因为在网络世界里听不到声音，看不到面部表情，也无法快速撤销回复，所以不同的人对你的观点有不同的理解，通常，欠缺考虑的词汇和快速的回应会严重损害你在该渠道的声誉。仔细思考你在对话中写的内容，重新读一遍，然后把自己当作收到这些话的人。在反思的过程中，你会发现，当你传递你的信息时，潜在的冲突也会随之缓解。伤害你的并不总是你在社交媒体上说的话，而是你说这些话的方式。

> 社交媒体还处于起步阶段，那些学会了并掌握得好的人会用成本最低、影响力最大的营销媒介来主导大众。

确保你所写的数据和事实都是正确的。因为正确的数据和事实有助于引用任何基于事实的标注，从而能够帮助增加你的个人品牌可信度，不会得到负面评论，也不会被迫离开团队。如果发布了你听到或看到的东西，你可以在网上搜索一下，如果你找不到，那么请注意，这是你偶然发现的东西。快速免责声明，如“这是我在研讨会上听到的”或“这只是我的个人观点，不代表事实”，这样可以涵盖所有叙述的观点，是值得赞赏的行为。用这种方法可以在一定程度上保护自己。

每天都有越来越多的社交媒体渠道产生，尽管与传统媒体相比，社交媒体相对比较新颖，但最好还是学会熟练使用社交媒体。就好像你要开始航海，最好学习成为一名优秀的游泳运动员一样。在花费了数千万美元的客户资金打造个人品牌和商业品牌之后，我可以毫无疑问地说，如果做得好，这种媒介是未来提升我们个人品牌和影响我们业务的最有效的沟通方式。

今天找出对你来说有意义的社交渠道，

并开始思考如何通过这些渠道展开沟通，

为改善他人的生活做出贡献。

63.
为你今天的生活做一次排练

我每天都过着重复的生活，我对此感到很惊讶，特别是早上的时候。闹钟响了，我像被电锯划破铅笔一样切断了我的日常工作。在我意识到这一点之前，我正坐在我的电脑前，谁知道那是什么，也不知道角落里有什么。我从来没有想过今天我要成为什么样的人，没有想过我将如何行动，也没有想过这一天会发生什么、会遇见谁。我很少投入时间或精力去准备我的内心和思想，去思考我将要见到什么人，我将要说什么话，我可能遇到什么问题，等等。这就像是毫无准备地一头栽进战区，在这些日子里，我所做的每件事都让我感到意外，然后我发现自己在这一天，在经过自己的选择制造出来的一天里，一直在恐惧和挣扎。第二天，闹钟铃响了，我又把前一天做过的事情做了一遍。

这就是我以前的生活写照，直到我遇到一个名叫德里克（Derek）的人。

如果你长时间地思考一个好主意，那么这个好主意最后会变成一件好事。只要我想出一个好主意，很快这个主意就会变成一件好事。

多年前，我与导师德里克一起吃早餐，我当时并不知道这意味着什么，也不知道会发生什么事。说实话，我当时并没有太多期望，这暴露了我当时怀疑和傲慢的程度有多严重。在问了几个有趣的问题之后，他让我说说自己经历的典型的一天，我基本上就跟他描述了你刚刚读过的这篇文章中第一段的内容。听完后，他说："跟我说说今天的事吧。"他的问题让我措手不及，我的回答磕磕巴巴，就好像一个演说家的提词器坏了，无法流利地演讲一样，说出来的话支离破碎。接着，他指出了两件从根本上改变了我的生活的事情。首先，他说："你不能用清晰的眼光看待每一天，你迷茫地开始每一天的生活，然后在这一天就像是弹珠台里的弹球一样，漫无目的，蹦蹦跳跳地度过。"我差点没忍住笑出声来，当时他用眼神定定地看着我，我忍住了。大多数日子里，到10点左右，我都一直在没有明确方向的情况下到处乱窜，然后又和以前一样。在一天的工作中，大多数事情变成惊喜，而不是为精心策划或深思熟虑的结果感到满足，并努力解决这些问题。他说的第二件事，拥有强大的能量，以至于我在隔间里直接瘫痪了，几乎要哭出来。他说的话我永远都忘不了，他说："你周围的人没有机会体验你所拥有的全部天赋，因为你对他们不够关心，没有为每一天做好准备。他们感觉到的是一个不太现实的、散漫的、忙碌的你，而你没有兴趣或没有能力为别人增加价值。别人，顺便说一下，在某种程度上或某种方式上，别人是你达到目的的手段，而不是反过来的。”到那时，他已经牢牢抓住了我的注意力，并直击咽喉，这是我一生中最宝贵的一课。

> 用几秒钟的时间浅尝辄止地思考一个问题，通常是没有结果的。往往需要花两三分钟的时间，高度集中地、不间断地深思才会得到真正的启示。

那天的收获虽然很简单，但很深刻。从那以后，我几乎每天都会拿着我的日程表坐下来，花10到15分钟清理我这一天的思路，以及我将与哪些人会面。我开始在脑海里进行角色扮演一样地设想一些对话，我知道真正的对话可能会更加难以捉摸或更加重要。我考虑过自己在别人面前会是什么样子，我一天中会采取什么样的态度，我将如何倾听别人，以及我将如何与他人交往。我从头到尾梳理了一遍我这一天将要经历的事情，包括我在家的时间。这个过程可能使它成为我们可以实践的最有价值的学科之一。

如果你知道你已经集中注意力思考自己将要面对的事物，然后再去工作，这是一件很特别的事情。这样做能让你拥有一种自信，这种自信能够改善工作的方方面面，给你带来优势，让你在工作中发挥出更高的水平，同时把关系带到一个新的境界。虽然这个过程是我最好的生活实践之一，但我必须承认，我并不是每天都在这样做，而只是在我想要变得更自信、更有能力和更有效率的时候，才会这样做。我把这种做法归为立即可用的、真实的、实时的优势之一。

今天花点时间想一想，你一天的工作都有哪些，

你在这一天会成为什么样的人。

64.
你的回应速度决定别人对你的态度

想要跟上当今商业狂热发展的现实步伐，有一个品牌属性常常被忽视，那就是不仅仅要跟进回应，更要关注回应的速度。几乎每天，和我们一起工作的人都会做出口头或书面承诺，比如“我会再打给你”“我会尽快给你回电话”“我保证你星期二就能拿到”“我会告诉你的”，等等。然而，有些人我们相信他们会在合理的时间范围内做出回应，有些人则感觉他们好像去了趟拉斯维加斯，而我们像是给赌徒打了个电话，如果他们确实会回来的话，他们回来的时间也完全是件碰运气的事。这些人离开团队就是给团队做贡献，而且他们确实很快会离开，很遗憾，但这是事实。如果你回想一下最近几次与供应商合作的客户服务经历，那么你可能已经经历了某种近乎荒谬的回应水平，特别是相对于质量而言。这意味着提升回应水平门槛很低，脱颖而出的机会很明显。这就是为什么碰巧在所有能够提升你的工作品牌的方法中，快速回应是最重要的原因。

当你作为一个团队成员来进行回应时，你的回应时间是一个让人紧张的问号，还是一个让人鼓舞兴奋的感叹号呢？

从某种程度上来说，像这样一本书可能会让你觉得不知所措，想想你需要做多少事情，才能做到成为一个伟大的品牌。因为如果你把这本书的待办事项列表中的所有事情加起来，那么就会有几百个潜在的品牌价值点，那你肯定会不知所措了。但待办事项就像快速响应一样，也是有一种简单的想要成为什么的驱动动力。仅仅只是在你的“待办”清单里加入几个字符特征，就会让你的待办事项清单增加无数个隐藏的待办事项，而不需要你去思考、计划或者朝着它的方向努力。

正如我之前提到过的，其中一种存在方式是真正重视人的属性：考虑到他们的全部生活对你来说是有意义的，理解你在工作中看到的事件背后，是别人充当各种角色、承担各种责任和面对各种挑战的生活，就像你所经历的那样。你接触的越多，你就越倾向于快速而彻底地回应与你一起工作的人。你最终会以一种尊重他人的方式获得这段关系，而这段关系也会快速发展到一个全新的水平，充满信任，获得回报。我不确定你们是否阅读过《圣经》，这本书中有一些令人难以置信的财富，它教给我们一个概念，那就是把别人看得比我们自己更重要是有实际价值和进步意义的。

要真正理解回应能力的价值，你必须考虑一下，当人们对你的请求做出快速回应、快速处理你的问题或者快速满足你没有被满足的需求时，想想你自己的感受。这个感受是相当令人惊讶的，因为我们并不是真的期待这样的结果。我们已经习惯了别人把事情都办好了，什么都准备好了，再来找我们。这种习惯让我们对那种“远远超出我们的控制范围”的感觉习以为常，然而，坦白说，这种习惯完全没有必要。只要简单地拒绝接受没有时间表和细节的模糊承诺，你就能确保得到更多的回应。更好的是，养成一个让别人负责的习惯，他们会知道错过你的最后期限是不值当的。例如，如果有人说他们会尽快或明天给你回复，要问清楚尽快是什么意思，明天的具体时间是什么时候，或者要求得到一个“不迟于”什么时候的时间框架。这样就有了一个特定时间的约束，你的工作流程就不会出问题，你的承诺也不会落空，你的个人品牌也不会因为模糊的承诺而受影响。

今天，给你周围的人一个明确的、快速的回应，

并向别人提出同样的要求。

65.
在大脑里立起篱笆墙，让潜意识为你所用

一个人的头脑有自己的习惯，如果你不介意自己的想法，我们的大脑就不会介意消极的思考。我们的大脑中那个小小的声音（little voice inside our head，简称为LVIH），就像软件一样，是我们的情绪、态度和行为的指挥中心，它在很大程度上是可以编程控制的。它有助于我们理解大脑的机制，因此我们可以控制自己的思想，而不是让我们的思想控制我们。

大多数人都没有意识到这一点，但那个声音，那个一直在评估、评价、怀疑和判断的声音，实际上在我们思考的时候会被生理和化学机制激活，使得这个声音比我们想象的更有影响力。事实上，我们头脑中的想法会在我们的大脑中留下记录，让我们觉得那件事就好像真的发生过一样。如果那件事真的发生了，我们的大脑中就会出现以前也曾有过相同经历的印象。这是我们思想的力量，包括我们选择控制的思想，或选择不控制的思想。

> 充满局限性的心态不是充满脑细胞，而是充满牢细胞。

有些人把大脑中的声音（LVIH）称为内心的声音，也有人把它称为潜意识或意识心理，还有人把它称为我们的良心，而另一些人称之为痛苦。为了不引起混淆，我们就说如果我们在有意识的头脑（或基本的日常思维）中反反复复地思考事情，这些想法最终在某种程度上会蚀刻在我们的潜意识里。打个比方，我们在有意识的头脑中思考的东西就像我们拿来玩的黏土，如果我们反反复复地思考同样的想法，那么这些黏土最终会变成水泥。考虑到实际情况，我想从大脑中的声音的首字母缩写LVIH中删除“小”即L这个字母，因为“小”对它的实际效果来说实在是太轻描淡写了。人们给它贴上“小”的标签，是因为它安静、微妙、隐秘地引导着我们的态度、情感和生活，是能够让我们熟悉自己正在处理的问题的重要性的一个好名字。保持这一观点将让我们思考，我们是否有意向重新塑造我们的思想生活。这个过程会让我们的思维变得清晰，并向着一个清晰的方向移动，就好像细条纹一样，而不是横七竖八地到处乱窜，像格子图案那样。选择格子思维还是细条纹思维，这是一个你想把大脑中的声音（简称为VIH）引向哪个方向的问题。

控制我们思想的出发点是把大脑和思想分开。大脑本质上是我们思考的物质载体，它是硬盘驱动器，这意味着没有编程，它就是无用的，什么也做不了。软件是我们的思想，我们是程序员，我们允许什么，或在硬盘上安装什么，以及一旦它完成编程，我们该如何处理它，我们拥有绝对的控制权。作为程序员，我们可以随意地思考，甚至紧张地思考，我们也可以集中精力并精打细算，带来急需的治理，以及对渴望已久的能够主宰一切的唯一事物的掌握。

你全心全意去做的事情将会以好的方式或者坏的方式，消耗你的精力。

在我们工作的时候，我们可能会有这样的想法："我还不够好""结果不会很好""这个项目将会失败""我们不会赢得这笔交易""我不会得到晋升的机会""这可能不是我运气好的时候"，以及无数更多的想法。奇怪的是，在某些情况下，它们甚至不是完全成形的思想，而更像是介于感觉和思想之间的，支离破碎的、不完整的想法。它们不需要显现成一个完整的思想就能对我们造成伤害，是因为坏思想的积累创造了一种感觉或基调，并开始固化为我们的思想、个性和行动，也就是成为我之前提到的水泥。当很多负面情绪和负面的想法误入歧途一段时间之后，绝望、沮丧和焦虑就会像混凝土一样形成并固定。我们什么时候能重新变为黏土呢？当我们的思想得到最好的处理的时候。

因为与消极的思想生活有关，因此《圣经》里面强调了将每一个不为你服务的思想当作俘虏的重要性。俘虏这个词的意思是，用矛尖刺向敌人的颈静脉，让你的敌人永远处于静止状态。这就是它所要求的强度，因为敌人是一种消极的思想，它可以用一种无声的力量将你击倒，这种力量可以与任何身体的力量相媲美。尽管这听起来很奇怪，想象一下，在你的脑海中放置一扇门，一扇可以阻止消极思想进入的门。现在你有了门，而你就是指定的看门人。你可以控制你已经拥有的东西进出，你已经拥有了完成这项工作所需要的所有工具，如果你愿意的话，这些工具可以为你提供高度的熟练程度和绝对的一致性。当思想接近你头脑中的大门时，请注意你的思想不是你的身份，而是由你的经验、教养、信仰等形成的想法。这样想，你就会把包含的思想只当作一个“东西”来将它释放，而不是将它放大到宏观意义上，认为思想似乎就是你自己一样。如果思想能够通过这扇门（它们肯定会的），那么这扇门会帮助你，在你将思想重新运用到有用的地方之前，将它保持在你的内心深处。一定要在自己的大脑里设置一扇门、一道篱笆、一堵墙或其他隐喻的类似东西，这样可以让你在生活中将垃圾思想隔离开来。这道屏障的设计是为了保护你不受疯狂想法的影响，不让你的个人品牌失去光彩。

今天，将一些消极的想法当作俘虏关起来，

用一些能够让你变得强大的新想法取代它们。

66.
成功是一种节奏

你是否曾经经历过这样的事？当你在餐馆或咖啡馆等待与某人见面时，等了很久也没有人来。你打电话询问，却发现他们忘记了，或者他们没有把这件事安排在他们的日程表上，或者他们以为是下周，这种事情经常发生。我见过人们等待的样子，他们一边等一边盯着手表看时间，看着从门口走进来的人，检查手机是否有电话，去外面打电话，然后回到座位上继续等，想要给别人最后一次机会。之后又看向门口，看进来的人是不是自己要等的人，最后看一次手表，然后起身走了。等的人没有出现，自己的节奏也被打乱了！

> 当我们确认事情的时候，对我们的个人品牌有正面的影响，它给别人一种我们都很关注的自信。

许多忙碌的专业人士每周至少要参加6到10次会议，那就是每年要参加300到500次会议。无论是内部会议还是外部会议，每次会议前、会议中和会议后，都要做会议准备、情感投入，还要投入不可挽回的时间资本。当然还会错过会议，从我的经验就能知道这一点。在我的职业生涯中，这种情况发生过不下几百次，直到我记录了一项有价值的个人统计数据，几乎每个我事先确认过的会议都会实现。我发现有一个“两步法”效果最好：

1. 会议前一天上午10:30，我会给所有人发短信确认会议时间、地点和主题。

2. 第二天，我做的第一件事就是发一条短信，有时候是一封电子邮件，内容大概是这样的：期待今天在××（时间）××（地点）见到你。

尽管当今的技术有助于减少日程安排上的问题，但确认会议是一个很好的实践行动，你能从中受益，而别人也会感激你。在我确认会议之后，竟然会有很多这样的回复：“迪安，很高兴你确认了，我差点忘记了。”我感到很惊讶。所以，要么花30到60秒的时间确认一下，这样可以确保计划实施，保持节奏；要么冒险不确认，那样就可能失去宝贵的工作时间，错过会议，从而必须重新准备，重新安排。

确认你每次将要参加的会议，

因为在商业中时间就是金钱。

67.
错误是一种进步和机遇

在我们的职业生涯中，我们会犯一些错误，有的错误小，有的错误大，有的错误很尴尬，有的错误会对别人产生非常大的影响，有些错误会让我们措手不及，而另一些错误可能是我们的决定导致的。记住，在这个星球上，最成功的人比其他人犯的错误要多得多，因此我们应该用错误来激励自己，而不是让自己倒退。犯错是一种惨痛的经历，从经验中我知道这一点，因为我犯过很多错误。它们会让我们陷入自我批判和恐惧当中，让我们对未来产生不确定感。最糟糕的是，它们会让我们陷入去想别人在想什么的思维中，以及让我们陷入彻夜难眠的思维中。

只有将知识变成行动，才能显示出它的力量。当它变成行动时，往往会产生错误。当它制造了错误时，就变成了智慧。当它变成智慧时，那就是知识显示它的力量的时候。

有两种不同类型的错误：一种是粗心导致的错误。这种错误的特征通常是粗心，没有保持一个谨慎的态度，因此是粗心导致的错误。这类错误犯一次或两次还可以容忍，但会对我们的品牌产生负面影响，因为粗心这个问题比因为粗心导致的错误更严重。当人们发现你不细心时，你就会被认为是一个会随时发生问题的定时炸弹，没有人需要这样的人来增加他们的压力，或对他们的个人品牌产生负面影响。

另一种是开拓性的错误：在探索新的可能性，为了伟大的目标冒险，或冒险做一些别人没有尝试过的事情，以此在某种程度上改善在业务过程中犯的错误。作为一名首席执行官，我从来没有因为公司里有人为了让公司变得更好去尝试冒险而感到不安。相反，我尊重那些勇于尝试的人，对他们表示欣赏，然后我会去发现问题，为他们将来取得更好的成绩提供建议。如果一个人是“独行侠”，我通常会告诉他，最好在行动之前让别人知道你在做什么，让别人发现你没有注意到的盲点，以及你如何在降低风险的同时更好地实现这个想法。但这些都需要你在执行之前去做，在执行的过程中，你只需要检查结果。然后，如果有人要你解释为什么结果比预期的差，你将学习到协作与衡量的基础，这对你很有帮助。

> 如果你有勇气承认错误，那么在任何时候你都是对的。

如果我们接受一个事实，就是错误是成功的必要的、持续的一部分，那么错误就不需要是痛苦的。我们可以将它视为轻如鸿毛而不是将它视为重如铁锤，因为我们知道，每一个取得实质性成就的人都会把错误视为动力，而不是毁灭，而且只是把错误视为过程的一部分。错误作为一种工具是我们学习的关键资产，它比任何其他方法都更能提高我们的商业敏感度，什么都比不上它的作用。

当你犯错误时，保持个人品牌的完整，背后的核心原则是立即自信地承认错误，不要试图狡辩或回避问题。礼貌地告诉和你一起面对问题的对方发生了什么，以及为什么会发生这样的问题。当然，永远不要把责任推到不在你身边的人身上，因为这并不能很好地反映出你勇于承担错误的品格，而且也会被视为在别人背后说人坏话。最后，当任何关于错误的讨论接近尾声时，真诚地（我的意思是发自内心地）请求相关人员原谅你造成的错误，并让他们知道这种情况不会再发生，然后你会看到压力在你眼前消失得无影无踪。

今天，把你的错误看作进步和机遇，

而不是倒退和责任。

68.
分享你的思想，更能成就自己

如果你思考一下是什么让一件事情成功的，你会发现那是每个人思想的集合，包括他们的才能、天赋，以及对事物的看法。如果没有一群各种类型的人，任何企业都不会成功。一方面，你有创新型的人，他们创造的东西非常丰富，但他们一看到电子表格就感到痛苦（这就是我）；还有一些人，他们可以看着一堵满是数字的墙，把公司从灾难中拯救出来，却无法画出一幅简笔画，或即使他们的生命危在旦夕，也无法写出一句可靠的句子来拯救他们自己；此外，有一些人，可以与A型性格①的控制狂携手一起工作，却无法很好地与善于分析的人一起共事；还有一些人，他们可以与有学习障碍的人很好地共事，而其他人则会在45秒内就对那些人失去耐心。我们都是不同的，并且都有自己独特的才华，都有一些可以贡献的东西，在工作场所或其他场所表现

① A型性格，指脾气比较火爆，不善于控制自己的情绪，喜欢竞争，有闯劲，但遇事容易急躁，没有耐心。

出来。

我有幸与许多人在一起共事过，他们利用自己独特的天赋和能力，在职场外为有需要的人提供服务。他们并不收费，他们只是发现了自己可以运用他们迄今为止在生活和职业中所学到的东西，为他人提供有价值的服务。事实上，总有一些人会因为他们而获得更多的知识，并从他们的指导中受益，特别是从那些有经验的人那里，获得的好处比从书本知识中获得的益处更多。这些给予者有非常特别的感受，他们的生活因此变得更加平衡和精致，并且有了目标，他们都声称这是使他们的生活变得更有意义的事情。尽管这项活动只需要他们花费3%到5%的时间，但他们认为，奉献给他们的生活带来了一盏他们永远也不愿意失去的明灯。

这个想法可以追溯到我之前分享的个人使命宣言，也许你还记得，我的个人使命宣言是“当人们的个人生活和工作生活行不通时，做一个优雅的介入者”。因此，作为一名隐秘的顾问、商人和品牌推广人员，我找到了用我的能力为之做贡献的团队和其他展现我的能力的渠道。我还向18到30岁这个年龄段的父母说，因为职业的关系，我真的很喜欢教练，经常有人打电话给我，他们都听过我的工作。多年来，我一直在做这件事，所以我再也不用提，很多人都知道了。来找我的人总是来得正是时候，而且数量也正好，所以我的工作安排都在时间表内，不会感到筋疲力尽，心力交瘁。

我们生在一个躯体里，到了特定的一天就会离开它。届时，今生所得都将化为乌有，留下来的唯有我们做出的贡献。因此，现在开始给予就是我们能分享给别人的礼物。

有一本非常好的书，是鲍勃·班福德（Bob Buford）写的，名叫《人生下半场》（*Half Time*）。这本书是写给在职业生涯中取得某种程度的成就的人。这时，他们就到了从成功转向有意义的时候了。例如，我们刚刚讨论过的内容，那些更深刻、更有意义的东西。但是，如果我们的生活中没有有意义的东西，是不可能成功的。《人生下半场》中的现实，虽然很有价值，但对那些想要在事业发展之初就获得真正成功的人来说，这很不幸，是不可能的。我认为我们的天赋和能力应该在我们职业生涯的早期就融入我们的生活中，而不是在“以后的某个时候”。这样，当我们的人生走过一半的时候，我们可以用更多的时间、更多的资源和阅历优势来加速我们的影响力。这比我们人到中年的时候，从零开始要快得多。

许多与我交谈过的人告诉我，他们不知道给予该从何处开始着手，我回答说：“你当然知道，但你从来没有认真仔细地思考或者研究过，看看什么是可行的，什么是可能的。”这个世界上有无数的俱乐部、协会、团队、群体、医院、慈善机构，他们的需求也是无止境的。扪心自问可能会帮助你找到一个完美的适合你的天赋和能力的地方，这听起来很不可思议，但事实是，抓住机会奉献自己的人可以远离孤独、抑郁和焦虑，甚至有些人在有机会照顾动物时停止了犯罪行为。如果有机会帮助各种各样的人，也能达到同样的效果。尽管我们付出了自己的努力、时间和能力，但我们往往是所有参与者当中得到最多的人。给予是很有趣的事情，而且当你有一个固定的地方去做这件事的时候，它会更加令人愉快。这对我们来说，是忙碌的生活中能得到片刻休息的地方，在某种程度上，它给了我们更多的能量来应付忙碌的生活，并且为生活增添了无与伦比的价值。

今天想想怎样用你的才华去帮助别人。

69.
你的外表是你传达出的第一种声音

我们的个人品牌形象很大一部分体现在我们的穿着上。不幸的是，大多数人在逛服装店的时候，不会选择寻求帮助，而会选择自己挑选，最后会选择一些在模特架子上看起来很好看的衣服，以为穿在自己身上也合身。其实并非如此，这就像是转动轮盘进行赌博，期待有一个好的结果，而这种赌博的结果，往往是输多赢少。不过，现在网上有了时尚网站、时尚文章和时尚图片，里面的衣服适合每一种体形、每一类人种、每一种肤色、每一种头发颜色。看过所有这些之后，你会觉得没有理由不买回家挂在衣橱里，因为你都看过也想过了。

> 买的衣服是什么样就是什么样，但风格是我们用所买的东西创造出来的。

我一直认为，外表看起来很专业，并给别人留下这样的印象，是一项重要的资产。因此，当我还是一名年轻的高管时，我就与一家服装商达成了一项贸易协议，并得到了一个定制衣橱。我的伙伴在用什么面料，选择什么款式上给我提了建议，并要我相信他，但那些更符合他自己的审美，而不是我的。长话短说，最后我得到了一柜子的衣服，这些衣服我穿起来都很尴尬。它们很有创意，搭配着放在一起很好看，但我觉得它们不真实，最终我把它们都捐给了慈善机构。多年之后，我与定制服装商罗德·艾伦（Rod Alan）再次合作，我们共同研究了整体情况，设计了一个衣橱，在商业会面需要时，我可以一直穿这个衣橱里的衣服，并保持风格一致。

> 得体的着装不仅仅是你穿上衣服的样子，更重要的是你穿上衣服后感到自信的样子。

我们都有眼睛和想象力，这是好事。我们想象着那些我们认为自己穿起来会好看的东西，但很少会研究确定什么样的颜色、款式和面料更适合我们的个人品牌。我们都能以合理的价格买到物美价廉的衣服，如果选对了，这些衣服的外观和手感都能看起来像是价值百万美元。只要几个步骤就能做到这一点，上网、搜索、打印图片（如果需要的话），去商店让人家帮助你找到你想要的东西。如果你有一个朋友能够帮助你，就找他帮忙。如果没有，你可以找一个有设计感的店员，他们的一点点帮助就能给你带来很大好处。

今天想想你穿什么能让你的品牌

达到一个新的高度。

70.
建立自己简单有效的语言体系

我们沟通的方式决定了一切。话语是进步的语言，说话前先考虑一下，是一个可以保护和加强我们个人品牌的好方法。之前我们已经提过这一点，然而，改善我们的沟通方式，即使每天只改善一小部分，都可以带来显著的不同。

流行语和广告语是人们用来表示自己跟得上潮流，是表示自己“与时俱进”的工具。虽然它们本身也有自己的含义，实际上并没有在字里行间表达任何真正有价值的东西。它们就像是钉在黑板上的钉子发出的共振的声音一样，听起来像这样，“在一天结束的时候，伙计们，我们需要整合更多协同效应，采取一种更具活力、具有伸缩性的灵活方法。因为如果我们不深入思考、跳出框框，带来附加值，那么我们就必须回头，把更多的前瞻性思维带到谈判桌上来。话虽这么说的……”如今，随着内容的泛滥，流行语和广告语无处不在，当我们听到这些流行语和广告语时，它们实际上会分散我们的注意力，使我们脱离实际表达的内容。

我们的智慧不是根据我们说的话有多精彩来衡量的，而是根据我们说的话有多简单来衡量的。

在采访了数百人之后，我遇到了几个完全依赖于流行语和广告语的人，好像他们要用流行语给我留下深刻印象似的。可悲的是，我总是不得不透过这些“塑料”对话的表象去了解这个人。在某些情况下，我根本无法了解他们，最后我握着他们的手跟他们说再见，然而心里想的是：很高兴没有认识你。这种情况的发生，让我为他们感到非常不幸。相反，最能引起我共鸣的人是那些说话直率的人，他们没有试图用自己的沟通技巧给我留下深刻印象，只是简单地回答了我提出的问题。他们没有说一句流行语或广告词，但能让人印象深刻，耳目一新。

当今，有效的方法是用简单的英语交流，这里的重点是简单，而不是英语。也可能是西班牙语、法语或者波兰语，这些都不重要。流行语和广告语在各种语言中都有，在没有对话的情况下，它们总是很受欢迎的，即使是使用亵渎的语言，也是由于语言创造力瞬间缺失造成的。那些语言之所以产生，是因为我们没有更聪明、更有说服力的方法来表达我们想要强调的东西。因此，我们会故意用脏话来表达一个观点，而这个观点其实是可以在没有脏话的情况下表达出来的。

套话，即我们反复使用的短语和笑话。因为在过去，它们能让人开怀大笑，给人留下深刻印象，或者能让人感动，它是另一种交流方式。但如今，这种交流方式给人的印象要么是软弱无力，要么是意料之中。问题是，如果不改变它们，它们就会让我们看起来像机器人一样，或者像沙丁鱼罐头一样。

我曾经出售了一家公司，在那次交易中，并购专家使用了所有人都能理解的词汇，那些词汇听起来新鲜、切题、聪明。在其中一次会议结束之后，我问了关于那些词语的事。这位专家告诉我，在情绪高涨的会议上，语言非常重要，每隔几个月他就会用一些有关联的新单词，这样既能保持新鲜感，又能让人理解他的观点。我发现这种做法非常好，这是一个很好的用原创内容的例子，它能够激发出人的自信，让人能够清晰地理解说话人的意思，而流行语只会给人带来困惑。这里的关键是忽略“潮流”，用自己的真实想法进行交流，这样你才能完善真实的自己。

今天，用一种新的简单而又清晰的方式来表达你的意思，

将你的个人品牌提升到一个具有亲和力的新水平。

71.

从最小的改变开始，坚持下去就能有大改变

如果你曾请过教练提高你的健康水平，那么在这个过程中，他们肯定不会忽略拉伸这个环节。教练们会告诉我们，如果没有做拉伸运动，受伤的可能性几乎是确定无疑的，一旦受伤就会让之前的努力前功尽弃，妨碍我们今后的活动。我的经验告诉我，就因为没有做拉伸，今天早上我去做了脊椎指压治疗。医生告诉我，拉伸运动是很必要的，因为它加强了我做其他形式运动的效果，同时肌肉的发展和恢复也得到了优化。当然，在我离开的时候，他说："别忘了拉伸。"他知道，拉伸运动将让我达到一个新的水平，而如果没有做拉伸运动，一两个月之后，我可能还要回来见他。他关心病人胜过关心自己的钱包，这是件好事。顺便说一下，这不是我想表达的那种拉伸，但我想还是保留这部分内容，因为"柔韧力量"是最实用的体力形式，它能够帮助我们放松。虽然我们经常忽视它，但它很重要。

让我们来看看，我们为达到新的成就所做的努力。从概念上

讲，它类似于一个跑步的人连续每天跑1英里[1]跑了一周，下一周每天跑1.5英里，再下一周每天跑2英里，以此类推。不久，他们就可以每周跑5天，每天跑5英里。不知不觉中，他们跑了半个马拉松，最后跑了整个马拉松，在当地比赛中获得胜利，即拓展到了一个新的水平，之后参加奥运会选拔赛，最后赢得一枚长跑奖牌。这是许多真实故事中的一个，由一个承诺和一系列的拉伸开始，却是从小步成长起来，发展到一枚奥运奖牌。

> 把自己拓展到新的高度永远不会损耗我们的生命，相反，它会延长我们的生命。

那么，拉伸是什么意思呢？我曾经听到一位演讲者说过拉伸这个词的定义。这个词源于“Teneo”，意思是某物被拉伸到最大可能的点，Teneo也有祝福的意思，意指上帝赐予我们的礼物。这意味着，当我们在工作和生活中竭尽全力，冒着追求伟大事业的风险时，我们得到的祝福是如此深远，而那些失败的后果便显得没有那么严重。事实上，与提升改善我们的环境所带来的祝福相比，那些失败的后果只会显得微不足道。这意味着风险越大，祝福就越大。我们的常识也证实了这一点，即使我们失败了，性格的提升和由此获得的自信也应该会让持续的风险成为我们个人品牌的一部分。显然，我们谈论的是明智的、经过深思熟虑的风险，而不是没有考虑成本、轻率的行为所带来的风险。

① 1英里≈1.61千米。

> 如果你在生活中太过小心谨慎，就不会有任何好事或坏事发生在你身上。

你不需要动多大脑筋就能很轻易地想象出你的职业生涯可能拓展到什么地步，可能是给哪个大客户打电话，和同事开个小会议，跟老板谈谈加薪的事，或是在三个月内把工作效率提高10%，我还可以举出无数个这样的例子。尽管我们可以清楚地明白在体育运动中做伸展运动的原理，但在工作中，我们却做不到，这就是为什么很大一部分员工觉得自己被困住了。如果可以的话，他们甚至会选择放弃目前的工作。事实上，他们完全可以那么做，但大多数人都没有冒险的习惯。没有风险或压力的工作总是以降职而告终。最终象征着枯燥无味的生活占据了我们的全部，并将覆盖在一个充满活力和色彩的品牌和生活上。

如果你花一两个小时列出一些你认为可以改善你的工作地位或提升你的品牌的风险，你可能会想出5到10个拓展实践。把其中一些付诸行动，无论成功还是失败，你会看到你自己的改变。这些改变是无须通过读书、吃药或接受治疗就可以实现的。如果我们选择将冒险变成一种习惯，那就印证了“一旦某样东西被拉伸，它就永远不会回到最初的形态”这个原则了。

今天把自己提升到一个新的高度，

从而获得动力吧。

72.
从365天中抽出一天时间来改善其他364天

有人曾告诉我，我规划假期的时间可能比规划我人生的时间还要多。我说：“是的，但我的假期过得很愉快。”他是对的。我没有多想过我的生活，也没有过多地想我在生活中会发生什么事。尽管我拿这件事开玩笑，但我知道我错过了什么，而什么是我仍不知道的。通常，我只是在匆忙的飞行中偶尔思考、偶尔计划一下，这样当然是有效的。事实上，到年底的时候，我已经不知道我的计划是什么了，也不知道我是否已经完成了计划。我飞行计划的想法根本飞不起来，一年又一年，它都以同样的方式坠毁。回想起来，我花在计划上最久的时间，是有一次在一个特定的问题上思考了大约15分钟。那次我没有真正去想我想要做什么，只是有些抽象的想法和概念，没有任何具体的东西。当有人告诉了我“规划日”这个概念，并给了我一张简单的表格让我填写时，这才帮助了我，让我开始思考自己在生活中几乎没有关注到的多个领域的问题。

工作规划日的效果是相当惊人的，原因很简单，因为我们花了足够多的时间来做计划。通过做计划，我们把想法变成了实践，这为我们提供了一种方法，让我们发现和澄清那些因为陷入生活中的混乱而来不及思考的事情。这让我们的头脑有时间拂去那些经常被忽视的老地方的灰尘，并揭示新的可能性、新的人和新的主动性。时间也让我们的思维达到一个新的高度，让我们怀着更大的希望，以更独特的视角和更透彻的观点去看待事物。我们花一天的时间来做这项工作，就当作放松，把这个工作当成一个用来做梦、深思和玩耍的开放性的机会。这与“在2小时内安排各种计划，因为我需要接着做下一件事”这样的想法形成了鲜明的对比。在浓缩的时间里做出的努力是一种更机械、更学术的练习，几乎没有情感或精神的驱动，而给自己一天的时间，全天都用来自由地探索和推动重要细节的发展，地点不限，包括计划中的谁、什么、为什么、如何，以及在哪里。这样做，计划就不会那么模糊，也会更加可行。

如果你想让这一年过得很辉煌，花一天的时间做计划，这样你就可以计划一年辉煌的日子了。

关于这一天会是什么样的，每个人都有自己的看法。但作为参考，我将这些整合了我一天里的东西写出来。首先，我重新编写了我的个人使命宣言和我的核心价值观，我将用它们实现我想要达到的目标。一旦人格特征设定好了，我就把剩下的事情分类，比如一年中头90天我想做的事情，等等。其次，我列出一些我想改掉的坏习惯，以及打算用什么好习惯替代它们。之后我还添加了社会目标，拓展的家庭目标和直接的家庭目标，以及一些我想要实现的个人目标，包括爱好和精神目标。在我的业务中，我把目标分解成几个关键领域，列出了今年的五大优先事项、我想实现的数字目标、我想联系的人，以及一个我可以随意增加想法的杂项部分。

> 用去年的想法作为今年发展职业的基础，就好像是用一根旧的攀岩绳去攀登一座没有攀登过的新山。可千万不要因此失败坠落呀。

按照计划行事。我们的设备上都有日历，可以考虑每季度安排半天的时间来做计划。如果工作量太大，可以在年初安排每个月花1个小时左右的时间来复查计划，这样就可以检查进度，做出调整，然后庆祝成功了。再加上每周快速地检查一下哪些是有效的，哪些是无效的，你成功的百分比将会显著提高。1天改变364天。数学看起来是一个很明智的策略，它可以衡量你所说的话是否具有可行性，这对你来说很重要。它会让你把自己的人生目标放在首位，放在脑海中，而不是让你的人生目标随着时间的流逝无处可寻。它的衡量标准既可以作为建立信心的基础，也可以创造出一定的知名度，这些对你的个人品牌来说都很重要。

今天，为自己的行程做一个计划，

让今天成为有计划的一天。

73.
一定要为有可能出现的后果留有余地

一个对我们的成功影响很大的常见问题，就是没有按时交付项目，或没有按照规定和预期交付简单的、质量水平可以接受的项目。在某些情况下，要从这种问题中挽救局面是很困难的，甚至是不可能的，这取决于利害关系程度，以及受影响的有什么人。一般来说，任何协议遭到破坏或业绩表现不佳，这些情况不仅会让你的直接合作伙伴受到影响，还会让一些你没有见到的人受到影响。这些人可能会给你带来负面评论，甚至可能会带来更大的问题。

> 如果我们做出一个承诺，却没有给错误留些余地，结果往往会以失败告终。

每个项目交付都由两个部分组成。首先，是我们承诺完成某件事情所需要的时间；其次，是我们给项目团队成员完成“全面交付承诺”所需要的时间，这是不可或缺的部分。在交付了大量的项目之后，我意识到最好的做法是按照那个古老的但很有意义的原则行事：少做些承诺，多完成工作。当有人交给我一个项目，并要求我提前告诉他们完成的时间，这时，我很少会立即给他们一个答案，因为那其实并不是他们真正想要的，他们真正想要的是一个明确的答案，一个他们可以绝对指望得上的答案。一旦他们知道你的承诺是经过深思熟虑之后的结果，而不是一时兴起的想法，他们会更加倾向于相信你的承诺。

这里面有一点心理学的成分在作怪，但用科学的方法解释，那就是人们会不自觉地给你一个时间框架。事实上，他们其实并不是真的需要那个时间框架，他们也不会给你足够的时间，让你把项目做好。作为执行的人，在可能的情况下，有必要主动控制时间框架，并始终为自己留出15%到25%的缓冲时间，以防止在过程中出现任何问题耽误进程。这样做，不仅仅可以给你增加机会，把事情做好，也让你有机会提前交付，从而提升你的品牌。当然，你需要做一些调查，这样你通常就可以确定实际需要的时间表。在某些情况下，匆忙完成项目似乎很合理，但更多的时候却并非如此。与你工作相关的人会重视你完成的项目在交付的时候是否符合要求，而不是重视你的交付速度。

> 每次我们违背自己的承诺，都会给我们的个人品牌增加一条裂痕，一个污点。

一旦你和利益相关者商讨之后，为自己争取了一些回旋的余地，为了确保交付的顺利进行，我们在团队合作的项目中，还需要分配时间表。在我的世界里，我和许多人一起工作过，有公司内部的人，也有公司之外的人，所有这些合作在某种程度上都有可能将我的个人品牌直接推到聚光灯下，也可以说是将我的个人品牌毁于一旦，这完全取决于他们是否能够在这个过程中交付完美的工作。只有他们做好自己的工作，我才能做好我的工作，这是唯一的途径。我参与的一些项目中，有的会出现十几个代表团，其中有很多活动的部分，所以也就意味着有很多出错的空间。关键在于，要让团队中的每个人都知道，你需要在实际时间节点之前完成项目，至少提前15%到25%，考虑到前面提到过的内容，这似乎会显得有些虚伪，但我们的确要创造足够的缓冲余地。事实上，留出足够多的时间是很明智的做法，万一有人被火车撞了（但愿不会），你也会有足够的时间去找人替代他。通过这种方式，你可以找一个代替他的人完成项目中的那部分工作。这样，与你一起工作的人就能继续保持良好的信誉，同时也能够让你个人的品牌继续熠熠生辉，而不是因此走向衰落。

这样做还能够明确实际要做的工作，并让他们按照日程计划进行，以确保每个人都能按时完成需要交付的工作。你可以在你的电子邮件中创建一个快捷签名，内容可以参照下面的示例：

嘿，×××（名字），我只是想确认一下×××（项目名称）中，你的工作是否在按照计划展开？是否能够在×××（时间）内完成？如果你有任何问题或需要任何帮助，请立即与我联系。同时，请在收到邮件后及时回复，再次感谢你在这个项目上的卓越表现和付出。

这看起来好像是额外增加的麻烦，但如果与你负责的项目或计划因为任何方面表现不佳而带来的麻烦相比，那就是小巫见大巫了。

今天给自己可能会犯的错误多留些余地，

以此来让你的承诺更加坚实可靠。

74.
重视你的形象并时时去维护它

你是否经历过这样的事情？你与某人初次见面，但在你们见面之前，你还记得曾经听到过的关于他的好话。如果有的话，那么在你还不了解他的情况下，你所听到的关于他的事情就已经在你心中建立了一种关于他的积极的、让你期待的印象。在你们相遇并进行愉快的交流之后，你会发现你听到的关于他的话与你遇到的这个人是相符的。说实话，那时候你对他的真实背景并没有任何了解，事实上，他们可能是行骗高手，也可能是特蕾莎修女（Mother Teresa）[①]类型的人物，然后，关于他的基调仍然是令人愉快的。下次你再见到他的时候，他仍然穿着华丽，并且还真诚地问候你，并问你是否需要他的帮助。马上，你就会觉得他的基调更好了，你也会觉得他的声音更好听了。事实上，你会发现，如果能和拥有这种基调的人在一起，与他人分享这种基调，并尽

① 世界著名的天主教慈善工作者。1979年获得诺贝尔和平奖，被天主教会封为圣人。1999年她被美国人民投票选为20世纪最受人尊敬人物榜单之首。

你所能帮助拥有这种基调的人，都将会是一件非常美好的事情。

> 小事情叠加在一起会产生很大的不同效果，比如在饮食方面做出的小决定有助于延年益寿。

我们都能以一种基调与其他人产生共鸣。事实上，在这个领域，没有人是音盲。我们周围的每个人都会产生一种基调，有时候我们想要更多那种基调，有时候我们不在乎那种基调，有时候我们反对那种基调。那么，我们就以鲍勃（Bob）为例吧，他是一个总是在错误的时间说脏话的人。他以保护公司的名义说别人的闲话，并把它伪装成正义的形式，说："盯着点这个人（那个人）。"他穿着还算得体，会为自己糟糕的工作表现找借口，通常当他接近一群人或走进一个房间时，他会带来跑题的基调。人们会尽他们最大的努力来制止这种干扰，在某些情况下，他们会尽一切努力来把这种干扰永久隔离。

我一生都在打造品牌，一个品牌的消亡很少是因为一件大事，这种现象准确地表现了在工作中建立的品牌的相关细节水平。举个例子，我们来说说泰诺（Tylenol）[①]的事情。20世纪80年代初，6名成年人和1名儿童因为服用泰诺导致死亡，世界各地的媒体都在议论关于泰诺品牌的事情，这就是引起人们恐慌的基调。这场悲剧是因为有人在药瓶里放了一种化学品（这个罪犯一

① 一种用于减轻疼痛、退烧和减轻过敏、感冒、咳嗽症状的美国品牌药物。

直没有抓到），泰诺本身并没有错。然而，当这样重大的事件与你的品牌联系起来时，这种在世界范围内传播的基调会让你瞬间湮灭在人群当中。

令人印象深刻的是，泰诺表现出极大的关心和责任感，开始反击舆论，并创造出了一个新的基调，彻底改变了一个行业。他们在包装上增加了安全机制，以确保消费者知道包装是否被篡改过。他们不仅创造了一种更安全的产品，还催生了一场让许多人效仿的安全运动。尽管唱反调的人宣称泰诺本质上是吐司[1]，但如今，他们的产品仍然是美国顶级止痛药之一。市场份额仍然保持在危机发生前的水平，而这个结果，我认为是应该的。他们以一种堪称典范的方式传达着他们的基调。如今，泰诺已经不再有任何负面的调子。然而，如果当时他们用了错误的音符，那么调子就会非常糟糕，而我们就永远也不会再听到任何关于他们的消息了。

> 在今天的工作中，用积极的新基调去演奏生活。事实上，最好把“关于基调的提示”放在任何你能看到的地方提醒自己。

目前，你在工作中有一个基调，它是基于我们到目前为止所涉及的所有方面产生的。有些人在办公室的基调就像是一首优美

① 指这种药是用吐司原料制成的，没有任何药用效果。

的曲子，而有些人的基调就好像是往黑板上钉钉子一样难听。再次强调，很少有一件大事能将一种基调变成一种尖叫的声音，更多的时候，是在不同的情况下，由糟糕的演奏和各种跑调的行为造成的，所有这一切结合在一起暗示着有越来越多的坏消息即将到来。无论你在这个演奏中处于什么位置，你都可以从现在开始创造出一种能够引起共鸣、点燃激情的曲调，而不是用加剧情况恶化和引起疏远的基调，这样周围的人才愿意听。

今天在工作中演奏一个新的、有改进的曲调。

75.
做一场精彩的会议，首先明确你的目标和贡献

如果每次我都不清楚会议议程，或每次都不清楚会对会议做出什么贡献，就莽撞地去参加会议，我还能够得到1美元的话，我会为我得到的美元感到羞愧。我们要么随意地参加会议，要么带着明确的目的谨慎地管理会议。如果能思考下我们工作的基础和推动它的因素，你会发现会议几乎是所有事情发生的驱动力。但是，我们的时间、金钱和机会不能都浪费在如何在会议前、会议中和会议后管理这些会议上。因此，有人写了一本名为《别被会议累死》（*Death by Meeting*）的书并出版了，还有人抨击这个推动商业进步的重要因素。那么，怎么样才能让会议成功呢？

1. 会议之所以能成功，是因为邀请了合适的人参加。任何不能在会议上做出预期的卓越贡献的人，都是会议室里的负担，将使会议进入两极分化的状态，扰乱会议节奏。

2. 会议需要一个明确的议程，包括会议中将发生什么、通过会议我们期望达到的实际目标或结果是什么，还包括我们刚才

说过的，会议期间谁应该对这个会议做出什么贡献，以及什么时候做出贡献。所有这些都应该提前传达，这样人们就有时间做准备，并能够在会议中充分发挥他们的价值。会议议程至关重要，议程越具体，与会者就会越认真地对待。

3. 根据会议中确定的任务，确保留有书面的和抄送的信息，关于谁将做什么，以及能够产生最佳结果的时间表和细节，这非常重要。

4. 一个有益的但并非必要的步骤，会议最后，全体小组对他们在会议中所做的贡献，以及对会议所取得的成果表示感谢。这样，下一次与这个团队再召开会议，就没有什么未尽事宜了。所有的环节都结束了，所有的问题都解决了，并且每个人都会对再次“消灭问题”而感到高兴。这就是我所谓的“会议带来活力”。

不认真关注细节而召开的会议总是达不到预期的效果。

会议成功的最大因素，除了我们之前提过的细节，就是要清楚你参加任何会议的方式。打个比方，几年前，我和我的商业伙伴签订了一项风险投资协议，成立了一家金融服务公司，这是我们第一次试手。在我们的第二轮推销中，投资者拿出支票簿，开了一张1美元的支票。六个月后，我们了解到，这位投资者通过一家声誉良好的投资公司参与了一项非法业务，而我们，包括这家投资公司，都不知道这件事。

在这件事对我们的系统产生的冲击消退后，我对我的合作伙伴们说："我们需要尽快离开这家公司。"然而，我的合作伙伴们要么想要继续持有公司的股份，要么想以某种方式卖掉手里的股份。我承认我也想要一些东西，但我非常坚决地认为，如果我们能立即通过谈判达成一项对股东无害的协议，并尽早取消公司文件，那将是最好的结果。我还告诉他们，我觉得我们都要带着倾听和妥协的态度参加临时董事会，而不是去争论，这才是最好的方式。结果，我们以明确、轻松的协议结束了会议。一周后，我们完全合法地退出了交易。

几个月后，我接到其中一方的电话。他们告诉我，他们被6个人解雇了，这6个人带着合法的武器，进入他们位于10楼的办公室进行恐吓，然后解雇了他们，公司最终破产了。我们的前合作伙伴最终承担了几十万美元的金融债务，身边甚至还有死亡的威胁，但我们早已脱离，对这个集团没有丝毫的责任感和依附感，甚至没有接到一个电话。这一切都是因为我们知道议程，我们聚在房间里开会，我们清楚地知道想要的结果，并详细确定了下一个的步骤。

正是我们为这次会议所做的心理准备、思想准备和策略准备，才使得会议在没有任何实际问题的情况下迅速结束。我们非常清楚，我们希望在什么时候发生什么事情，这就是人们喜欢这样的会议的原因。

提前决定我们的行动方式和我们将要说的话（更重要的不是说），以及把会议想象成一种彩排，这是一种复合价值。这么做的价值在于，我们可以确定可能发生什么，什么话可以说，什么曲线球可以抛，并为此做好准备，这样才会有更多的人邀请我们参加更加重要的会议。毕竟，如果会议是商业的驱动力，那么我们自然更愿意参加更重要的会议，我们参与这些会议的好处意味着我们将得到想要的一切。

今天仔细考虑一下你的会议，

并给他们带来一种专注的意向。

76.
不要随意插话，这会瞬间毁掉整个谈话

我们通常会觉得我们无法立即提高谈话技巧，原因很明显，每一个我们与之交谈的人都不一样。他们的心情、情绪、环境和生活都是在不断变化的，这也使沟通变得具有挑战性，完全不可预测。但我相信，如果我们能在一天结束之前，消除一种常见的破坏性的倾听行为，我们就能立即提高我们的技巧。

> 非双向的对话往往因为单向的沟通而进入死胡同。

你是否曾经和某人有过这样的谈话经历？每次谈话的主题发生变化时，你的谈话对象都会改变谈话的方向，谈论关于他的事情？你想要创造双向互动的有意义的对话，可他似乎没有兴趣在你的世界里停留片刻，没有兴趣深入地探讨你正在谈论的话题或深入你的生活。谈论的每一件事都有一种奇怪的反冲力，不管你提不提，最后都会以他的世界、他的经历和他的观点结束。

我将其称之为对话劫机（简称为C–劫机）。和一个以自我为

中心的人交谈并不是一件有趣的事，这种以自我为中心的行为会使谈话的潜在价值付诸东流。那么我们所说的C–劫机是什么意思呢？假设我正在和某人说话，谈话的方向是关于老板的问题。我说我上周与老板之间发生了一些问题。C–劫机者不会问我发生了什么，不会问更多的问题来获得更多的背景信息，也不会表现出任何关心的迹象，或表示他们能提供帮助。事实上，他们会直接跳到他们有过的类似经历中，或点下头说一些居高临下的话，比如："是的，我知道了。"然后切换话头，说一些他们想讨论的话题。

有一次，我在一个聚会上遇到几个人，他们开始C–劫机我们的对话。这个聚会会持续很长时间，这将是一个很长的夜晚，所以我打算做个试验，看看他们C–劫机我的话题的频率会是多少。这种情况以不同的形式发生了6次，而整个谈话持续了大约20分钟，因为这是一项实验，所以我没有感到恼火，反而为之着迷。没想到一个人能够冷漠到这样的程度，我也没想到他们竟对别人如此不感兴趣，比例是5∶95。在这段时间里，我说话的时间占了大约5%的时间，而在剩下95%的时间里，他们把我提到过的所有话题都拉入他们的世界，变成了他们的谈资。我很享受这段经历，特别是当一切都结束的时候。

除非我们在谈话中给予足够的关心，否则我们永远不会知道对方的话语中可能存在的价值。

现在我认为自己是一个很好的对话者，但我又一想，我有没有做过那样的事呢？很快我就想到，我有时也会这样。它不是习惯性的，而是有时候出于自我中心或紧张自己才出现的情况。我注意到我会将话题引向关于自己的方向，而且与他们谈论的内容没有非常密切的关系，也不是停留在他们的世界里，去探索他们的世界里存在什么样的可能性。每当这种情况发生时，另一方似乎都会闭上嘴，然后让自己容忍这样的对话，而不会参与其中。

还有一个更真实的选择，那就是让我忘记我想从谈话中得到什么，并把我唯一的日程安排在他们的日程上。有一件事是肯定的：当我想要与之交谈时，我立刻会注意到压力的存在，通常感觉这些文字的较量还没有结束，我相信也确实如此。但是，当我继续谈论他们的话题时，并稍微扩展一下，并和他们一起探讨的时候，谈话不会再让我失去勇气。事实上，我感到很兴奋，因为我可以让没有分心的我停留在别人的世界里一段时间。这是一个安静的地方，我可以暂时忘记我自己的疯狂世界，这些对话通常在相互交流和体现各自价值的完美平衡中结束。

今天注意一下停留在别人的世界里谈话

是一种什么样的感觉。

77.
不要试图逃避责任，你要相信自己的能力

如今，我们发现自己所面临的挑战越来越大，这似乎是在责怪别人和外部事物。有人会竭尽全力改变生活中不愿面对的糟糕结果，并对他们如何扭转当前的局面而变得相当有创意。“企业界是邪恶的”“是我老板的问题”“客户应该更忠诚”“都是因为自由主义者”“保守主义者让富人更富，让我更穷”，诸如此类。

不幸的是，不管这个借口、指责或归因听起来有多好，都不可能对发生在我们身上的事情负任何责任。相比之下，把我们所关注的一切都考虑在内，就能在生活中建立强大的韧性，这是大有希望的。这不是我们不得不做的事情，因为自由意志是真实存在的，我们必须通过积极的意志让自己的事业和生活更自由，更有控制力，更有实际的进步，而不是一味地推卸责任。

> 我们的成长和经历形成了我们的观点，我们每天做出的决定，决定了我们的个人品牌和我们的成功。

几年前，我的几个朋友，丹·托奇尼（Dan Tocchini）、德里克·沃森（Derek Watson）和拉里·品奇（Larry Pinci）自费出版了一本书，名为《在受害者杀死你之前杀死受害者》（*Killing the Victim before the Victim Kills You*）。

这本书的中心思想是不要以受害者的姿态看待你生活中的位置，这样会扼杀你和你周围的可能性。因为你已经把油门、刹车和车轮都交给了别人——那些不会开车的人，所以你无法更有效地驾驭和控制你的生活。

这是当今无数受害者的处境。有时候，我们可能会把自己禁锢在局限之中，因为在那个时候，责备某人或某事似乎比承认自己的表现和结果更容易，但我们自己的表现才是真正的希望所在。

我曾经和一个人合作过，他当时正在领导一个团队进行一个大项目，截止日期即将来临，因此他开了一个会议来检查团队的进度。5名团队成员在执行任务，2名团队成员没有执行，这2名成员中的一个离要达到的目标还很远。由于他们两人的失误，项目不得不推迟，我们不得不通知客户关于推迟的消息。很多人因此而生气，包括那位领导人。这件事对他在公司内的个人品牌和他在公司外的个人品牌都是一个巨大的打击。他多次表示，并不是他造成这次的过错，而是那几位成员没有按时完成工作导致的，他是受害者。

当我们坐下来回顾这件事的经过时，我问了两件事：第一，是否做过标有日期和时间表的项目进度表？第二，是否有书面文件说明由谁做什么具体的事情，并注明需要完成的时间？他很快回答说，因为太忙了，所以他没有更新项目进度，而项目说明在开题会议上已经口头指示清楚了。当我问他，在确保工作顺利进行的过程中，他制定的检查要点是什么时，他说没有明确的流程。最后事实证明，不是别人害了他，是他自己的无能害了他。吃一堑，长一智，未来他应该吸取教训，不会再这么做了。在受害者心理害死他之前，他应该尽快摆脱这种心理。

“全新的我”永远是一个需要做出的决定。

我们都明白“种瓜得瓜，种豆得豆”的道理。不管发生了什么问题，只要我们参与其中，就一定要密切关注我们参与的方式，这一点非常重要。有时候，出现问题时，我们是完全的过错方；有时候，我们是造成问题的一小部分原因。要么是我们造成的，要么是我们放任问题发生的，要么是我们的自满让问题有机可乘。不管我们参与的错误比例有多大，如果我们试图逃避，不去承担自己的那部分的责任，这不仅是毫无意义的行为，而且还显示出我们缺乏诚实的态度。当我们愿意承认自己在事情中扮演的角色并承担责任时，我们会学到很多东西。通过这个原则，无论发生什么，有多糟糕，我们都将永远处于主导地位，拥有力量，掌握真理。

今天，把自我管理当作你最宝贵的机会。

最后的话……

不管我们能为他人带来怎样的改变，下一个改变永远都是我们所能做的最好的改变。

如果你已经读到了这一页，那么你很可能已经从这本书中获得了足够的财富，可以考虑与他人分享你所获得的财富。分享的方式有好几种。其一，复印或扫描一页或抓拍一个点，并将其发送给可能在这一点上与你产生共鸣的人。我敢肯定，当你在读这本书的时候，你会想到："嗯，这一点让我想起了某某，或这就是在说他们啊。"分享一些能够带来新视角或改变的东西总是有风险的，但创造伟大的品牌不是为了玩，而是为了在生活中取胜，而风险是成功人士日常生活中的一部分。事实上，这个世界需要更多愿意冒险去分享重要见解的人，无论这些见解是谁写的或谁说的。

永远不要低估你给别人提出的建议的价值，即使是一个简短而中肯的观点，也可能会改善他们的生活。

其二，将你读完的这本书送给别人。我们付出的越多，我们就会越平静、越快乐，也会获得越多其他美好的东西。

其三，可以选择给别人买一本，或者，至少跟别人推荐这本书，并且写一篇让别人想要购买的评论。

无论你是否会做以上这些事情，我都很感激你阅读我的书，如果你下决心把这些付诸行动，我会更加感激。我的愿景从来都不是做图书推销生意，一直以来，我的目标都是帮助别人多做一些积极的改变。为了实现这个愿景，我才会做出以上请求。

关于我的个人品牌和我的商业品牌的一些话

我的哥哥戴夫（Dave）继承了家族的左脑基因，而我的个人品牌显示了我是一个右脑发达的人，具有创造性的思考。这意味着我更倾向于立体而不是线性，更善于处理图片而不是电子表格；逻辑糟糕，但懂得哲学。我最初是一名平面设计师，后来当了作家，又转行当了创意总监，再后来成了大型广告公司的联合创始人及首席执行官，在这个过程中，我学会了一些“左脑”技能。这将我定位为一个务实的营销策划者和品牌创造者，我开发了数百个品牌，并负责营销预算及所有相关的一切。这是一艘航行中的大船，而我始终在船上。

如今，我经营着一家精品品牌代理公司（breviti.com），处理所有与品牌相关的业务，并协助市场营销和创收战略的构想及实施。我还是一家世界一流的实景与动态图像视频代理公司（veracitycolab.com）的股权合伙人，专门为世界各地的客户提供突破性的视频服务。我的视频代理公司最近还被评为全美排名第一的视频代理公司。

我成为一名作者是从“个人发展”的电子邮件开始的，我将这些邮件发送给中等规模的客户、供应商和任何愿意阅读的人。之后，我的一位作家朋友读到了它，他正想尝试做一名文学经纪人，我们通过交谈沟通，一致决定我将成为他的第一个客户。长话短说，我们提交了一份关于《改变你的思维》的建议书，十八个月后，我就成了一名作者。

乔伊是一名优秀的经纪人，和很多优秀的经纪人一样，他告诉我："任何人都可以成为一名作者，每个人的内心都有一本书，但是，你是一名作家吗？"就这样，我写了这本《有效思考》。

很多人问我为什么要做这些，那是因为我发现没有什么比帮助别人在生活、商业和人际关系中从一个水平上升到另一个水平，变得越来越好更有意义了。我大胆地发表个人使命宣言："当人们的个人生活和工作生活行不通时，做一个优雅的介入者。"我致力于阻止任何人走向愚蠢，帮助他们在生活和人际关系中走向阻力更小、获益最多的道路。我会与任何人在任何时间就任何事情进行交流，因为我知道一场真诚的对话会给别人带来美好的结果。

我仍然在写那些邮件，但现在它们大部分只是用以唤醒人们去改变和重新设计思维，如果你想要收到这些电子邮件，请访问我的个人网站（deandelsesto.com）并注册。

至于演讲活动，我会面向小范围的群众进行演讲，也会面对大批观众进行演讲。如果你相信我的想法可能会对你产生影响，引起共鸣，请随时联系我。我演讲的主要内容是个人品牌、商业品牌、领导力和业务绩效，时间跨度从20分钟到90分钟不等。我还为公司和各种组织提供小规模的小组会议，培训领导者和执行团队，时间从1小时到3.5小时不等。更多信息请访问我的个人网站。

本书到此结束。祝您在人生旅途中一切顺利，再次感谢您阅读《有效思考》这本书。

迪安